转基因大豆安全评价与检测技术研究

史宗勇 著

中国农业科学技术出版社

图书在版编目（CIP）数据

转基因大豆安全评价与检测技术研究／史宗勇著 . --北京：中国农业科学技术
出版社，2022. 10

　ISBN 978-7-5116-5952-1

　Ⅰ. ①转…　Ⅱ. ①史…　Ⅲ. ①转基因植物-大豆-安全评价-研究②转基因植物-
大豆-检测-研究　Ⅳ. ①S565. 103. 4

　中国版本图书馆 CIP 数据核字（2022）第 181065 号

责任编辑　倪小勋　徐定娜
责任校对　李向荣
责任印制　姜义伟　王思文

出 版 者　中国农业科学技术出版社
　　　　　北京市中关村南大街 12 号　　邮编：100081
电　　话　（010）82105169（编辑室）　　（010）82109702（发行部）
　　　　　（010）82109709（读者服务部）
网　　址　https://castp.caas.cn
经 销 者　各地新华书店
印 刷 者　北京建宏印刷有限公司
开　　本　185 mm×260 mm　1/16
印　　张　9. 75
字　　数　190 千字
版　　次　2022 年 10 月第 1 版　2022 年 10 月第 1 次印刷
定　　价　38. 00 元

项目资助

本书所涉及的研究工作得到国家转基因生物新品种培育重大专项（NO. 2018ZX08012001-009），山西省自然科学基金项目（NO. 2013011028-2），山西省科技攻关项目（NO. 20140311025-3），农业农村部（原农业部）部门预算项目（转基因植物及其产品成分检测定性 PCR 方法标准制定），农业农村部（原农业部）科技发展中心项目（转基因植物分子特征验证、数据收集和非授权转基因大豆检测方法研究、转基因检测标准方法验证）的支持。

前　言

大豆是世界上最重要的粮油兼用作物，也是人类和动物优质蛋白的主要来源，在人类生活中占有非常重要的地位。转基因大豆是最早商品化、推广应用速度最快的转基因作物，转基因大豆的出现，引起了世界大豆种植、贸易格局的极大改变。我国是大豆的原产国，也是大豆生产和消费大国，随着人民生活水平的提高，我国大豆消费量持续攀升，供需矛盾不断加剧，转基因大豆产业化是提高我国大豆综合生产能力，保障大豆基本供给的有效途径之一。

转基因大豆安全评价检测技术对其研发和产业化起着决定性的作用。

作者多年来一直从事转基因生物安全方面的研究，现将所获得的研究成果进行系统梳理、筛选，并撰写成书。本书主要包括六章内容，分为两大部分：第一部分简要介绍了转基因技术的安全性、转基因生物安全风险管理模式和我国转基因农作物产业化程序；第二部分主要围绕转基因大豆展开，包括转基因大豆食用安全研究、分子特征分析和转基因大豆成分检测技术研究。希望本研究能为相关从业人员实践提供操作指南，为转基因大豆产业化提供技术支撑。

在编写过程中，感谢王金胜教授给予的指导，感谢袁建琴教授对本书内容的审定；感谢李鹏飞、朱芷薇教授和梁晋刚副研究员对本书撰写提出的建议及帮助；感谢课题组高建华、许冬梅副教授在课题执行工作中给予的帮助；感谢生命科学学院、农业农村部农作物生态环境安全监督检验测试中心（太原）提供了完善的研究平台；感谢农业农村部科技发展中心对相关研究的大力支持；感谢课题组研究生路超、郭俊佩、刘璇、赵娟丽、周璞和吴博泽在本研究中的付出和在本书编写过程中的协助。

由于作者学识水平有限，书中不足之处在所难免，敬请广大同行和读者提出宝贵意见。

史宗勇

2022 年 7 月

目　　录

1

转基因生物安全风险管理

第一节　转基因技术

地球上的生物数量巨大，种类繁多，形态各异，生存环境和生活习性各不相同，各种生物不同的遗传信息都储存在脱氧核糖核酸（DNA）的核苷酸序列中。基因（gene）是控制生物性状的遗传物质的功能和结构单位，主要指具有遗传信息的DNA片段。也就是说：生物的不同基因组成，决定了不同生物的生物学特征和特性。转基因技术就是利用现代生物技术，将人们期望的目的基因，经过人工分离、重组后，导入并整合到受体生物的基因组中，从而改善受体生物原有的性状或赋予其新的优良性状。

一、转基因技术发展简史

（一）基因的发现

基因的发现经历了一个漫长的研究历程，早期生物学研究侧重于动植物的形态、结构和分类。随着显微镜的发明和在生物学领域的应用，步入细胞水平，开启了细胞学、遗传学研究的新时代，生物的进化和遗传成为研究的热点问题。1859年英国生物学家达尔文（Charles Robert Darwin）发表《物种起源》，系统论证了生物进化的普遍规律，开创了生物学发展史上的新纪元。1866年奥地利科学家孟德尔（Gregor Johann Mendel）在豌豆杂交实验的基础上，发表了《植物杂交实验》，提出遗传单位是遗传因子的论点。1878年德国生物学家弗莱明（W. Fleming）观察到细胞核里存在着嗜碱性染料的细丝状染色物质，1888年德国科学家威廉·冯·瓦尔德耶·哈兹（Wilhelm von Waldeyer-Hartz）将其正式命名为染色体。1903年美国细胞学家沃尔特·萨顿（Walter Stanborough Sutton）发现遗传因子在染色体上。1909年丹麦遗传学家约翰逊（W. Johansen）在《精密遗传学原理》一书中正式提出"基因"概念，用于对孟德尔遗传因子的表述。1928年美国的摩尔根（Thomas Hunt Morgan）通过果蝇杂交实验证实了染色体是基因的载体，揭示了基因是组成染色体的遗传单位，它能控制遗传性状的发育，基因学说从此诞生。

孟德尔和摩尔根发现并建立的基因分离定律、基因自由组合定律、基因的连锁和交换定律，为研究基因的结构、功能及其变异、传递和表达等遗传学内容奠定了基础，在胚胎学和进化论之间架设了遗传学桥梁，推动了细胞学的发展，并促使生物学研究从细胞水平向分子水平过渡。1953 年美国的沃森（Watson）和英国的克里克（Crick）提出 DNA 双螺旋模型。该模型表明，DNA 具有自身互补的结构，根据碱基配对的原则，DNA 中贮存的遗传信息可以精确地进行复制。1958 年克里克进一步提出了蛋白质合成的"中心法则"，之后美国人尼伦伯格（Nirenberg）、霍利（Holley）和印度人科兰纳（Khorana）成功测出了 20 种氨基酸的遗传密码，并发现了负责转录过程的 tRNA。至此，人类清晰地认识到：DNA 是遗传物质，基因是有遗传效应的 DNA 片段，含有能够影响生物体表型特征的遗传信息的 DNA 序列，这些序列信息可以通过转录、翻译合成不同的蛋白质，表现出生物体不同的性状。

（二）基因工程技术

一切生物的遗传密码都是相同的。基于生物遗传密码的普遍性，使得人类能进行不同物种间的基因操作成为可能。1969 年，英国的克里克成功分离出第一个基因。1970 年，瑞士阿尔伯（Werner Arber）和美国内森斯（Daniel Nathans）、史密斯（Hamilton Othanel Smith）发现限制性内切酶，可以将长链的生物大分子切割成较短的片段。1972 年，美国生物化学家伯格（Berg）发现 DNA 连接酶，首次将剪切后的不同 DNA 分子相连接组成新的 DNA 分子。1974 年，比利时扎恩（Zaenen）发现农杆菌中的 Ti 质粒（tumor induction plasmid）具有天然转化植物细胞的能力。1977 年，马克·凡·蒙特古（Marc Van Montagu）运用农杆菌成功地将一段 T-DNA 转移到植物基因组中，完成了基因的跨物种转运。至此，基因工程关键技术成型，并广泛应用于医药卫生、工农业生产等领域。

二、转基因技术育种的一般过程

基因工程技术的突破，人类开始了从单纯地认识生物和利用生物向改造、创造、利用生物的转变。1982 年，转基因大肠杆菌用于生产胰岛素，世界第一个基因工程药物诞生。1983 年，全球首例转基因烟草诞生。1996 年，转基因作物开始大规模商业化种植。农业生产上转基因技术主要用于种质资源创制，转基因技术育种一般包括目的基因的获得、重组质粒的构建、转基因方法的选择、转化体的筛选和鉴定、转化体的安全性评价和育种利用五个步骤。

（一）目的基因的获得

目的基因的获得是转基因育种的第一步，根据获得目的基因的途径主要可分为两大类。一是根据基因表达的蛋白进行基因克隆，首先要分离和纯化控制目的性状的蛋白或者多肽，并进行氨基酸序列分析，然后根据所得氨基酸序列推导相应的核苷酸序列，再采用化学合成的方式合成该基因，最后通过相应的功能鉴定来确定所推导的序列是否为目的基因。利用这种方法人类首次人工合成了胰岛素基因，通过对表达产物与天然的胰岛素基因产物进行比较得到了证实。二是从基因组 DNA 或 mRNA 序列克隆基因。随着分子生物技术的发展，尤其是 PCR 技术的问世及其在基因工程中的广泛应用，以及多种生物基因组序列计划的相继实施和完成，直接从基因组 DNA 或 mRNA 序列克隆基因技术已经成为获取目的基因的主要方法，能够更大规模、更准确、更快速地完成目的基因的克隆。

（二）DNA 重组质粒的构建

克隆得到目的基因后要将其进行体外 DNA 重组，即将目的基因安装在运载工具质粒上。质粒重组的基本步骤是从原核生物中获取目的基因的载体并进行改造，利用限制性内切酶将载体切开，并用连接酶把目的基因连接到载体上，获得 DNA 重组体。为后期有效地筛选转化细胞，在实际工作中，常将选择标记基因与适当启动子构成嵌合基因并克隆到质粒载体上，与目的基因同时进行转化。

（三）转基因方法的选择

选择适宜的遗传转化方法是提高遗传转化率的重要环节之一。载体介导转移法是目前为止最常见的一类转基因方法。其基本原理是将外源基因重组进入适合的载体系统，通过载体携带将外源基因导入植物细胞并整合在核染色体组中，使之随着核染色体一起复制和表达。农杆菌 Ti 质粒或 Ri 质粒介导法是迄今为止植物基因工程中应用最多、机理最清楚、最理想的载体转移方法。具体可选用叶盘法、真空渗入法、原生质体共培养法等将目的基因转移、整合到受体基因组上，并使其转化。外源目的基因还可以直接导入受体植物细胞完成转化，这种方法不需要借助载体介导，而是直接利用理化因素进行外源遗传物质转移，主要包括化学刺激法、基因枪轰击法、高压电穿法、微注射法（子房注射或花粉管通道法）等。

（四）转化体的筛选和鉴定

经标记基因筛选的转化细胞只能初步证明标记基因已经整合进入受体细胞，至于目的基因是否真的整合、能否正常表达还不得而知，因此还必须对抗性植株进一步检测。根据检测水平的不同可分为 DNA 水平的鉴定、转录水平的鉴定和翻译水平的鉴定。DNA 水平的鉴定主要是检测外源目的基因是否整合进入受体基因组，整合的拷贝数以及整合的位置。常用的检测方法主要有特异性 PCR 检测和 Southern 杂交。转录水平鉴定是对外源基因转录形成 mRNA 情况进行检测，常用的方法主要有 Northern 杂交和 RT-PCR 检测。检测外源基因转录形成的 mRNA 能否翻译，还必须进行翻译或者蛋白质水平检测，最主要的方法是 Western 杂交，在转基因植株中，只要含有目的基因在翻译水平表达的产物均可采用此方法进行检测鉴定。

（五）转化体的安全性评价和育种利用

转基因植物的安全风险是一个值得考虑的问题，因此，经筛选获得携带目的基因的转化体，还必须根据相关管理规定，在可控条件下进行安全性评价。评价安全的新型转化体还只是为培育新的作物品种而创造的一种育种资源，从目前的植物基因工程育种实践来看，利用转基因方法获得的转基因植株，常常存在外源基因失活、纯合致死、花粉致死效应，以至改变该品种原有性状等现象，并不能直接作为商品种子使用。后期还要在确保转化体安全的前提下，利用杂交、回交、自交等常规育种手段开展新型转化体大田育种利用研究，最终选育出综合性状优良的转基因品种。

第二节 转基因技术的安全性

随着生物技术的快速发展，基于生物技术发展可能带来的不利影响，人们提出了生物安全的概念，旨在考虑现代生物技术开发和应用对生态环境和人体健康造成的潜在威胁，以及对其所采取的一系列有效预防和控制措施。

一、生物安全问题的由来

生物安全问题由来已久。1972 年世界获得第一例由细菌 DNA 与猴病毒 SV40 拼接的重组 DNA，因为 SV40 病毒是一种小型动物的肿瘤病毒，出于对自身的安全考虑，科学家首次提出生物安全问题。1974 年美国科学院提出针对性措施：暂时禁止两类实验的进行，一是制造新的、能自我复制的有潜在危险的质粒实验；二是将癌基因或其他动物病毒基因与质粒或其他病毒基因相连的实验。1975 年美国加州的阿西罗玛国际会议上，各国科学家第一次专门讨论转基因生物安全问题（Berg et al., 1975）。大家一致认为：基因工程存在着潜在的风险，科学要发展，生物学要进步，应该积极地对待在进步中可能带来的风险，要努力采取一切尽可能的方法和措施来预防风险，立足于预防为主的方针，防止危害和风险，确保生物安全。此后，世界各国和国际组织开始制定有关生物安全的管理条例和法规，其中 1976 年美国国立卫生研究院发布《重组 DNA 分子研究准则》成为全球第一部生物安全法规。联合国环境与发展大会在 1992 年 6 月通过的《生物多样性公约》中正式提出生物安全问题，2000 年 1 月在加拿大蒙特利尔通过了《卡塔赫纳生物安全议定书》，该议定书是为保护生物多样性和人体健康而控制和管理"转基因生物"（GMOs）越境转移的国际法律文件。2020 年 10 月《中华人民共和国生物安全法》发布，将生物技术研究、开发与应用确定为生物安全的主要问题之一，旨在维护国家安全，防范和应对生物安全风险，保障人民生命健康，保护生物资源和生态环境，促进生物技术健康发展，推动构建人类命运共同体，实现人与自然和谐共生。

二、转基因生物涉及的主要安全风险

转基因技术作为生物技术的典型代表，主要涉及转基因生物的食用安全、环境安全和社会安全三方面。

（一）转基因生物的食用安全风险

转基因生物的食用安全是人们关注的首要问题。尽管转基因生物中的基因与传统食物中的基因是化学等同的，但在转基因过程中的修饰、基因表达产物和生理代谢过程的改变具有一定的不确定性。转基因作物由于基因突变演化表达新的蛋白质可能引发毒性、过敏性问题；也有可能会引发作物的营养成分、有益物质、抗营养因子的改变问题；人和动物食用后产生耐药性和免疫力降低问题；以及外源基因表达非预期效应等问题（张凤 等，2021）。所以应该对转基因食品的营养成分和抗营养因子、毒性及致敏性、标记基因的安全性及非预期效应等方面做安全评估（王立平 等，2018）。

（二）转基因生物的环境安全风险

对于环境安全性的问题主要是指转基因植物实际应用和释放后，是否会破坏现有农业生态和自然生态环境，打破原有生物种群的动态平衡。主要包括：基因受体的存在以及基因本身所具备的特性，使外源抗性基因通过基因漂移实现基因逃逸成为可能（Wolfenbarger et al.，2000）；外源基因表达产物对非靶标生物（Snow et al.，1997）和靶标生物（Snow et al.，2005）的影响问题；对土壤生态系统（肖琴，2015）的影响问题。转基因技术是跨越物种种属间屏障的人为杂交技术，若基因在非人为控制下混沌地越种属转移，可能诱发基因转移跨越物种屏障，引起广泛的生态环境安全性问题（黄昆仑 等，2009）。

（三）转基因生物的社会安全性

转基因技术的应用，能诱发基因转移跨越物种屏障，可能引发动物和人类社会伦理问题；不同物种基因的转移表达，可能对现实社会的宗教观念形成冲击，引发宗教信仰问题；世界民族众多，"十里不同乡，百里不同俗"，转基因技术也可能引发人类社会民族、种族问题。

农业转基因技术和转基因生物是一柄"双刃剑"，我们必须在大力发展转基因技术的同时，加强转基因生物安全管理，不断提高转基因生物安全管理水平，加大转基因生物安全执法检查力度，积极应对潜在风险。

三、转基因生物安全风险管理

以科学为基础的风险分析过程，是转基因生物安全管理的核心，主要包括风险识别、风险管理和风险交流三个方面。

（一）风险识别

风险识别是农业转基因生物安全管理的核心，指通过分析各种科学资源，以转化事件为基础，判断每一种转基因生物是否存在危害或安全隐患，预测危害或隐患的性质和程度，划分安全等级，提出安全控制的科学建议。

（二）风险管理

风险管理是农业转基因生物安全管理的关键，指针对风险识别中所确认的危害或安全隐患，采取对应的安全控制措施，消灭或减少风险事件发生的各种可能性，或减少风险事件发生时造成的损失。也就是在评估结果的基础上，兼顾利益平衡原则，确定各方面可接受的风险水平，以及将风险降低到可接受程度的措施，并通过安全监管、安全控制措施的贯彻实施，保障生物安全，维护自然环境与经济社会的持续、稳定、和谐发展。

（三）风险交流

风险交流是农业转基因生物安全管理的纽带，指在保护申请人知识产权、商业机密，以及在法律法规和行政许可的前提下，进行管理信息和科学信息的交流。包括风险评估人员、风险管理人员、生产者、消费者和其他有关团体之间就与风险有关的信息和意见进行相互交流。风险交流贯穿于风险评估和风险管理全过程，交流内容包括对风险评估结果的解释和执行风险管理决定的依据。

风险交流与风险管理和控制的目标一致，它不仅是信息的传播，更重要的是使利益相关者能够了解风险评估的依据、逻辑性、必要性以及结果的局限性，为风险评估提供更为广泛的科学基础，促进监控措施的实施，增强研发者的安全意识和法律意识，提高生产者、消费者对生物技术产品的认知和接受程度，回答有关生物安全性问题。

四、转基因生物风险识别的基本原则

目前，全球转基因生物安全风险识别尚无统一的标准和方法，各国的法律、法规及管理体制也不尽相同。但国际上对转基因生物安全风险识别均以科学为基础，遵循科学性、预防、实质等同、个案分析、逐步深入、熟悉等原则（王长永 等，2001；王琴芳，2009）。

1. 科学性原则

科学性原则是指决策活动必须在决策科学理论的指导下，遵循科学决策的程序，运用科学思维方法来进行决策的决策行为准则。转基因生物安全是科学问题，严谨的态度和科学的方法是转基因生物安全风险分析的前提。对转基因生物及其产品的风险分析应建立在科学、客观和透明的基础上，充分运用现代科学技术的研究手段和成果，设计合理的实验步骤，使用正确的操作方法进行科学检测、分析和评价。

2. 预防原则

预防原则是在科学不确定的情况下进行实际决策的规范性原则，已经被许多国际组织和政府所接受并作为制定转基因生物安全管理政策的基础。基于转基因生物安全性的不确定性和复杂性，必须以科学为依据，在公开透明、无利益歧视基础上，结合其他的评价原则对转基因生物进行风险评估，根据评价结果预先采取有效的措施作为对科学不确定性的回应，以避免其可能带来的危害。

3. 实质等同原则

实质等同原则是联合国经济合作与发展组织（OECD）于 1993 年提出的对新食物进行安全性评估的原则，是转基因食品风险评估的指导原则，目的在于辨别转基因产品是否和传统非转基因产品一样安全。

根据该原则，经过比较分析转基因食品可以分为三类：与现有的非转基因食品完全实质等同，两者应等同对待；与非转基因食品具有实质等同性，但存在某些特定的差异，需要针对存在的差异和主要营养成分进行比较分析，进而确定其安全性；与非转基因食品无实质等同性，必须充分考虑这种食品的营养和安全，对其进行全面的评价分析（黄昆仑 等，2009）。

4. 个案分析原则

个案分析的原则是生物安全评价的基本原则之一。由于转基因生物研究的基因数量众多，这些基因的来源、结构、功能和用途各不相同，受体生物和基因操作也不相同，因此，应当针对具体的、不同的转化事件个案进行风险评估。

5. 逐步深入原则

转基因生物及其产品的研究开发经历实验研究、田间试验和商业化应用等几个阶段。每个阶段对人类健康和环境的潜在风险也不一样。试验、应用规模的大小既影响所采集的数据种类，又影响检测数据的覆盖度。小规模试验难以体现全部转基因生物及其产品的性状或行为特征，也很难评价其潜在的效应和对环境的影响。逐步评估的原则就是要求在每个环节上对转基因生物及其产品进行风险评估，并且以评估结果作为依据来判定是否进行下一环节的开发研究。逐步深入原则可确保在不同阶段及时终止不适当的转基因技术及其产物的研发和应用，有效阻止可能由此导致的损失或者损失扩大。

6. 熟悉原则

转基因生物的风险评估，取决于对其背景知识的了解和熟悉程度，熟悉是一个渐进的过程，随着人们对转基因生物的认知和经验的积累而逐步加深。熟悉原则就是根据转基因生物的受体、基因特性、转基因方法、预期效果及与其他各种环境因素的相互作用等背景知识，与已有知识和经验比较，借鉴相类似的安全性评价的经验简化评价过程，较快地进行风险分析。需要注意的是，熟悉仅意味着有可借鉴的经验，并不代表所评估的转基因生物安全；不熟悉也并不能表示所评估的转基因生物有害，仅意味着需要逐步地对其潜在风险进行评估。评估的结果又为其他风险评估提供知识和经验。

第三节　转基因生物安全管理的主要模式

风险管理的基本要素是立法和监管，基于对转基因生物安全不确定性的共识，世界各国纷纷根据自己的政治、经济、科技、文化、历史等因素采取不同的管理策略，对转基因生物的研究、生产、贸易制定了相应的管理法规，通过立法开展转基因生物安全的管理。当前世界各国对转基因生物安全的管理及态度存在明显差异（Sheldon，2002）。董悦（2011）围绕转基因农产品的研发与试验、商业化生产、流通与销售、进口和政府宏观管理五个主要环节，对主要农产品贸易国家（地区）转基因农产品的安全管理严格程度进行定量综合评价，结果发现欧盟、中国（不含中国港、澳、台）、泰国、韩国和日本管理严格，加拿大、印度尼西亚、美国、阿根廷、马来西亚、墨西哥、挪威和中国香港地区管理宽松，澳大利亚、印度、巴西、菲律宾、新西兰、南非、俄罗斯和中国台湾地区严格程度介于二者之间。

一、美国的安全管理

（一）管理策略

美国认为，转基因产品和常规产品没有本质区别，以转基因产品为管理对象，而不是生物技术本身。遵循"实质等同原则"和"科学举证原则"，认为转基因产品的成分和使用传统生产方式生产出的产品成分一致，具有实质等同性，在没有任何科学证据证明转基因产品存在风险的情况下是安全的。因此，美国对转基因生物安全的管理政策极为宽松，只有存在可靠的科学证据证明转基因产品给人类健康或生态环境安全带来风险时，或者转基因产品具有明显区别于传统产品的特性时，才对转基因产品实施安全管理和贸易限制措施。

（二）管理机构与职能

美国转基因生物安全管理分为转基因生物研发和转基因生物的释放、应用两个阶段，第一阶段由国立卫生研究院依据《重组 DNA 分子研究指南》管理，按照指南的分类，农业转基因生物和相关实验风险较低，一般不需要审批。第二阶段的管理根据 1986 年美国内阁科技政策办公室发布的《生物技术管理协调框架》开展，框架确定了转基因生物安全管理的基本原则、法规框架和部门分工。协调框架指出，转基因产品和常规产品没有本质区别，转基因生物以产品而不是过程进行管理，转基因生物以个案分析为基础，不需要针对转基因生物重新制定法律，而应当在现有法律框架下制定实施法规（刘培磊 等，2009）。文件建立了以联邦农业部（United States Department of Agriculture，USDA）、食品与药品管理局（Food and Drug Administration，FDA）、环境保护署（Environmental Protection Agency，EPA）为主的转基因食品协调框架（杨雄年，2018），并根据转基因生物

（产品）的最终用途进行了相应的职责划分（图 1-1）。其中，联邦农业部（USDA）主要负责转基因生物在农业领域的管理，同时负责转基因食品和农产品进入市场前的审批及对作物生长安全方面的评估，涵盖转基因作物田间试验、商业化生产、进口、运输等环节；食品药品管理局（FDA）的主要负责对转基因食品、食品添加剂和饲料的安全评价和管理，确保转基因食品对人类健康的安全，此外还负责转基因食品的标识管理；环境保护署（EPA）针对转基因作物的遗传材料和表达蛋白进行管理，负责转基因作物的环境安全性评估，转基因作物农药成分登记和食品中农药残留的耐药性记录，以及转基因作物的昆虫抗性、除草剂抗性等问题。

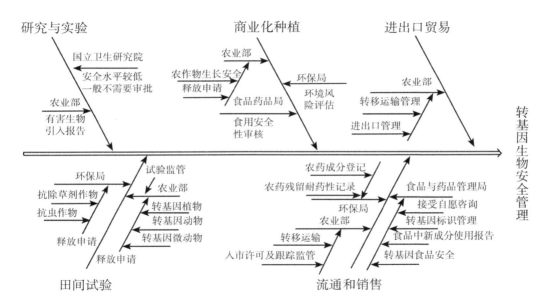

图 1-1　美国转基因生物安全管理机构职能框架

（三）法律法规

美国没有针对转基因生物重新制定法律，各管理机构依据各自已有的法律法规展开管理，并根据需要进行了必要的补充。具体情况见表 1-1。

表 1-1　美国转基因生物管理机构、监管环节及主要法律法规

管理机构	监管环节	法律法规
国立卫生院	研究与实验	《重组 DNA 分子研究指南》

（续表）

管理机构	监管环节	法律法规
农业部	研究与实验、田间试验、商业化生产、流通和销售、进口和出口	《联邦食品、药品和化妆品法》 《美国食品安全现代化法》 《植物保护法》 《联邦植物病虫害法》 《植物检疫法》 《病毒、血清、毒素法》 《属于植物有害生物或有理由认为植物有害生物的转基因生物和产品的引入》（7CFR340 法规） 《通知管理程序》 《简化要求与程序》 《转基因药用与工业用植物田间试验管理公告草案》 《基因生物工程及其产品管理程序》 《转基因农作物和动物农民保护方案》 《转基因生物责任法案》
环保部	田间试验、商业化生产、流通和销售	《联邦食品、药品和化妆品法》 《联邦杀虫剂、杀真菌剂、杀啮齿动物药物法案》 《有毒物质控制法》 《农药登记和分级程序》 《转基因植物产生农药的管理》 《植物内置式农药管理》 《农药登记的数据要求》 《试验使用许可》 《农药登记和分级程序》 《生物技术微生物产品准则》 《关于新微生物申请的准备要点》
食品药品局	商业化生产、流通和销售	《联邦食品、药品和化妆品法》 《公共卫生法》 《食品质量保护法》 《美国食品安全现代化法》 《源于转基因植物并用于人类和动物的药品、生物制剂、医药设备的管理指南》 《FDA 咨询程序》 《外源非杀虫蛋白早期咨询程序指导文件》 《转基因食品上市前通告管理办法草案》 《源于转基因植物的食品政策》 《转基因植物应用抗生素标记基因行业指南》 《国家生物工程食品信息披露标准》 《转基因食品知情权法案》

（四）管理特点分析

梳理美国转基因生物风险管理实践，不难看出，在具体管理中具有如下特点。

一是转基因生物安全管理相对宽松。高度依赖风险防控下的行业自律，对从业者提出了很高的要求。

二是转基因生物安全管理体系完备。美国尽管没有单独设立专门的管理机构和法律法规，但已建成全面的风险监管体系，在重视事前监督的同时还加强事后监督，积极应对转基因生物及其产品上市后可能出现的一系列问题（王韬惠，2020）。

二、欧盟的安全管理

（一）管理策略

欧盟以转基因产品生产过程为管理对象，遵循"预防原则"，同时关注产品的生产过程和产品本身。基于科学认知的局限性，欧盟认为转基因技术有潜在风险，只要是通过转基因技术得到的转基因生物都必须进行安全评价和监控。

（二）管理机构与职能

欧盟是由各成员国组成的经济实体和政治联盟，因而对于转基因生物安全的监管涉及欧盟、各成员国两个层面，在欧盟层面集中统一监管的同时，各成员国之间也进行适当的协调（陈亨赐 等，2021）。

在欧盟层面，转基因生物安全管理决策机构、管理机构和技术机构相互分离。决策机构欧盟理事会（Council of the European Union，EU）负责协调各成员国的行动；管理机构欧盟委员会（European Commission，EC）负责执行各项转基因食品法律文件，以及准入审批等；技术机构欧洲食品安全局（European Food Safety Authority，EFSA）负责转基因安全风险评价，为管理机构的决策提供科学依据。

在各成员国层面，由各自的相关机构承担转基因生物安全管理职能，其主要职责是执行欧盟的相关法规，并根据本国国情特点开展转基因生物安全管理。

（三）法律法规

欧盟对转基因安全管理以过程为基础，将所有涉及转基因生物安全的行为都纳入管理范畴，在遵循综合性法规的基础上，重新制定专门性法规对转基因生物安全实施管理，其中《转基因生物有意环境释放法令》（2001/18/EC）、《转基因食品及饮料管理条例》（1829/2003/EC）、《转基因生物可追溯性和标识办法以及含转基因食品和饲料可追溯性条例》（1830/2003/EC）、《转基因生物越境转移条例》（1946/

2003/EC) 为其专门性法律体系的核心，具体情况见表 1-2。

表 1-2　欧盟转基因生物管理主要法律法规内容及监管环节

法规属性	法律法规	监管环节
综合性法规	《食品安全白皮书（2000 年）》	
	《关于食品法的基本原则和要求、欧洲食品安全局及有关食品安全程序（178/2002/EC）》	
	《欧盟食品及饲料安全管理法规（2006 年）》	
专门性法规	《关于封闭使用转基因微生物的指令（90/219/EEC）》	研究与实验
	《转基因生物有意环境释放法令（2001/18/EC）》	田间试验、商业生产、上市流通
	《对 2001/18/EC 指令中有关成员国限制或禁止在其国内种植转基因生物权限进行修改的修正案（2015/412/EU）》	田间试验、商业生产
	《关于发展中国家共存措施以避免常规和有机作物中转基因生物污染的指导方针（2010/C200/01）》	田间试验、商业种植
	《转基因食品及饮料管理条例（1829/2003/EC）》	商业生产、上市流通
	《1829/2003 实施细则（641/2004/EC）》	
	《转基因生物可追溯性和标识办法以及含转基因食品和饲料可追溯性条例（1830/2003/EC）》	商业生产、上市流通
	《转基因生物越境转移条例（1946/2003/EC）》	进出口、上市流通
	《上市产品备案制度（2004/204/EC）》	上市流通
	《上市产品审批程序（2004/41EC）》	上市流通
	《关于建立独特的转基因生物标识体系的法规（65/2004/EC）》	上市流通
	《关于确保符合饮料和食品法、动物健康及动物福利规则的官方控制（882/2004/EC）》	风险评估
	《欧盟转基因参考实验室实施细则（1981/2006/EC）》	风险评估
	《关于官方控制的转基因饲料抽样方法和检测方法的规定（619/2011/EC）》	风险评估

（四）管理特点分析

欧盟对转基因技术持严谨审慎态度，对转基因安全管理采取限制型、预警式的管理模式。在具体管理实践中，具有如下特点。

一是转基因生物安全管理严格。基于过程监管理念，建立了从实验室到餐桌的全程监管制度，这些制度环环相扣，贯穿于转基因生物及产品的整个生命周期，将与转基因生物及产品相关的生产、加工、流通、消费等所有环节都置于政府部门的监管之下，实现了对风险最大限度的控制。

二是法律法规体系完善。既有专门性法规，也有综合性法规，同时，还出台了一系列操作性强的技术指南和指导性文件，所有转基因生物相关的安全管理活动都有相应的法规规定。

三、中国的安全管理

（一）管理策略

中国对转基因产品持审慎的态度，是世界上转基因生物安全管理较为严格的国家之一。针对转基因生物的研究、试验、生产、加工、经营和进出口等全过程实施管理。

（二）管理机构和职能

为了确保农业转基因生物安全，我国已经建立了一整套适合国情并与国际接轨的，具有中国特色的转基因生物安全管理体系和技术支撑体系。

1. 我国农业转基因生物安全管理体系

我国依法实施转基因生物安全监管。《农业转基因生物安全管理条例》明确规定了我国各层级转基因生物安全监管的机构和职责（图1-2）。其中，国务院组织

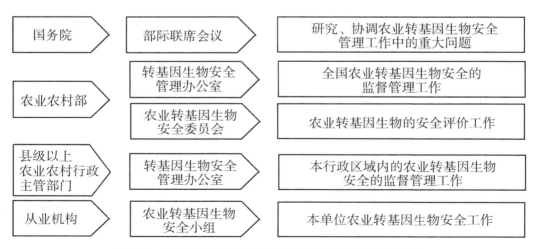

图1-2　中国农业转基因生物安全行政管理机构及职能

农业农村部牵头的农业转基因生物安全管理部际联席会议是最高议事机构。农业农村部负责全国农业转基因生物安全的监督管理工作，是农业转基因生物安全的主要负责单位。县级以上地方各级人民政府农业农村行政主管部门负责本行政区域内的监督管理工作。各从业单位负责本单位科研、试验、生产、经营、加工等活动安全监管和风险评估申请审查把关。

2. 农业转基因生物安全管理技术支撑体系

转基因生物安全是科学问题，我国建成了转基因生物安全监管的技术支撑体系，主要包括转基因生物安全评价体系和转基因生物安全标准体系。

安全评价体系以国家农业转基因生物安全委员会为核心，由专家和技术咨询机构组成，根据安全评价数据对转基因生物安全进行评价。农业农村部设立的农业转基因生物安全委员会，由从事农业转基因生物研究、生产、加工、检验检疫以及卫生、环境保护等方面的专家组成，负责农业转基因生物的安全评价工作，为转基因生物安全管理提供技术咨询。2021 年 11 月第六届农业转基因生物安全委员会成立，成员包括共 76 名委员（农业农村部，2021）。委员构成体现出"多领域、多学科"的特点，保障了委员组成的代表性和科学评价的权威性。

技术咨询机构以具备检测条件和能力的技术检测机构为核心。目前已建成 40 多个通过认证获得资质的检测机构，分为食用安全、环境安全和产品成分检测三大类，主要从事农业转基因生物安全的检验检测工作，为农业转基因生物安全管理和评价提供技术服务（宋贵文 等，2011）。

（三）法律法规

我国转基因生物安全管理始于 1997 年，农业部（2018 年 3 月更名为农业农村部，下同）制定并实施《农业基因工程安全管理实施办法》。2001 年，国务院颁布实施了《农业转基因生物安全管理条例》（以下简称《条例》），依据《条例》，有关部门先后制定了 5 个转基因生物安全管理办法，规范了农业转基因生物安全评价、进口安全管理、标识管理、加工审批、产品进出境检验检疫工作。特别是《中华人民共和国生物安全法》的发布实施，为我国农业转基因生物安全管理提供了法制保障（表 1-3）。相关法律法规确立了我国实行转基因生物安全评价制度、生产许可制度、加工许可制度、经营许可制度、进口管理制度、标识制度等。

表 1-3　中国农业转基因生物安全管理法律法规

法规属性	颁布机关	名称	实施（修订）时间
综合性法规	全国人民代表大会常务委员会	《中华人民共和国生物安全法》	2021-04-15
		《中华人民共和国种子法》	2000-07-08（2022-03-01）
		《中华人民共和国农产品质量安全法》	2006-11-01
		《中华人民共和国食品安全法》	2015-10-01（2021-04-29）
专门性法规	国务院	《农业转基因生物安全管理条例》	2001-06-06（2017-10-23）
	农业部	《农业转基因生物安全评价管理办法》	2002-03-20（2017-11-30）
	农业部	《农业转基因生物进口安全管理办法》	2002-03-20（2017-11-30）
	农业部	《农业转基因生物标识管理办法》	2002-03-20（2017-11-30）
	农业部	《农业转基因生物加工审批办法》	2006-07-01
	海关总署	《进出境转基因产品检验检疫管理办法》（原质检总局令第62号）	2004-05-24（2018-12-23）

　　转基因生物安全标准是农业转基因生物安全管理科学规范实施的重要技术保障，我国已发布实施了转基因生物安全监管技术标准241项（表1-4），按标准功能分为基础标准、监管标准、评价标准和检测标准4类，内容覆盖了转基因研究、试验、生产、加工、经营、进口许可审批和产品强制标识等各环节，已初步形成了较为完善的农业转基因生物安全标准体系框架（梁晋刚 等，2020）。形成了一整套适合我国国情并与国际接轨的法律法规、技术规程和管理体系。

表 1-4　中国农业转基因生物安全标准情况　　　　单位：个

序号	标准号	发布数	有效数	基础标准	监管标准	评价标准	检测标准		
							环境	食用	成分
1	NY/T 2003	13	11				9		2
2	NY/T 2006	5	4			1		3	
3	农业部 869 号公告 2007	14	9		1				8
4	农业部 953 号公告 2007	27	26				20		6
5	农业部 1193 号公告 2009	3	3						3
6	农业部 1485 号公告 2010	19	18					2	16
7	农业部 1782 号公告 2012	13	13					2	11
8	农业部 1861 号公告 2012	6	6						6
9	农业部 1943 号公告 2013	4	4				1		3
10	农业部 2031 号公告 2013	19	18				4	3	11
11	农业部 2122 号公告 2014	16	16				4		12
12	农业部 2259 号公告 2015	19	19	3			4		12
13	农业部 2406 号公告 2016	10	10		3			4	3
14	农业部 2603 号公告 2017	16	16		1			1	14
15	农业农村部公告第 111 号 2018	17	17	1			4		12
16	农业农村部公告第 323 号 2020	29	29	1	1		1	4	22

（续表）

序号	标准号	发布数	有效数	基础标准	监管标准	评价标准	检测标准		
							环境	食用	成分
17	农业农村部公告第 423 号 2021	22	22			3	10	1	8
合计		252	241	5	6	4	57	20	147

（四）中国主要转基因农作物产业化程序

根据现行法律法规要求，我国主要转基因农作物产业化过程可分为实验室研究、田间试验和产业化应用三个阶段（图1-3），包括实验室研究、田间试验、转基因生物安全评价、转基因农作物品种审定、转基因农作物种子生产经营和农业转基因生物加工六个环节。其中转基因生物安全评价是农业转基因生物安全管理的核心，是转基因生物能否产业化的前提，只有经这安全评价并获得安全证书的转基因生物才有可能进入产业化应用阶段。

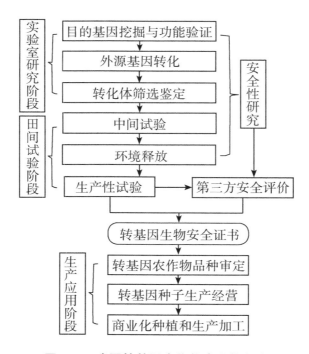

图 1-3　我国转基因农作物产业化程序

（五）管理特点分析

中国将转基因生物的研究、试验、生产、加工、经营、流通等各个环节都置于相关部门的监管之下，是世界上最为严格的国家之一（祁潇哲 等，2013）。

一是转基因生物安全管理严格。建成了相对完善的转基因生物安全监管体系、法律法规体系和技术支撑体系，对转基因生物的研究试验、生产加工、经营、进出口等环节实施全程监管。

二是设置转基因生物安全证书申请环节。规定转基因生物只有经转基因生物安全委员会安全评价合格，才能获得相应的转基因生物安全证书，获证之后才能开展品种审定、材料进口等下一步的工作。

三是转基因生物安全监管主导部门单一。农业转基因生物的安全评价、进口审批、生产加工、产品标识等均由国务院授权农业农村部门负责。

第四节　我国转基因农作物安全评价

一、转基因农作物安全评价

国家对农业转基因生物安全实行分级管理评价制度。转基因生物安全评价工作按照植物、动物、微生物三个类别，以科学为依据，以个案审查为原则，实行分级分阶段管理。

农业转基因生物按照其对人类、动植物、微生物和生态环境的危险程度分为四个等级：安全等级Ⅰ，尚不存在危险；安全等级Ⅱ，具有低度危险；安全等级Ⅲ，具有中度危险；安全等级Ⅳ，具有高度危险。

（一）转基因植物安全等级的确定

转基因植物安全等级的确定为分步评估确定，包括受体植物的安全等级确定、基因操作的安全等级确定、转基因植物的安全等级确定三个步骤。

1. 受体植物的安全等级确定

受体植物的安全性评价主要根据考量其演化成有害植物的可能性、自然生存繁殖能力及其对人类健康和生态环境的影响三个方面。通过全面收集受体植物背景资料、生物学特性、遗传变异及其生存环境及环境因素互作等资料，进行综合分析判断，如受体植物未对人类健康和生态环境发生过不利影响，或受体植物演化成有害生物的可能性极小，或受体植物在自然环境中存活的可能性极小，则确定为安全等级Ⅰ级；如受体植物对人类健康和生态环境可能产生低度危险，但是通过采取安全控制措施完全可以避免其危险的，则确定为安全等级Ⅱ；如受体植物对人类健康和生态环境可能产生中度危险，但是通过采取安全控制措施，基本上可以避免其危险的，则确定为安全等级Ⅲ；如受体植物对人类健康和生态环境可能产生高度危险，而且在封闭设施之外尚无适当的安全控制措施避免其发生危险的，确定为安全等级Ⅳ。

2. 基因操作的安全等级确定

基因操作是转基因生物实验研究的主要内容，基因操作对受体植物的影响决定转基因植物的安全等级。基因操作的安全性评估重点关注目的基因、标记基因、载体的来源及结构，外源基因插入的位置、序列、表达及其稳定性，转基因方法及其对受体 DNA 的影响等。

根据基因操作对受体生物安全等级的影响分为增加受体生物的安全性（类型1），不影响受体生物的安全性（类型2），降低受体生物的安全性（类型3）三种类型。如基因操作是去除某个（些）已知具有危险的基因或抑制某个（些）已知具有危险的基因表达，确定为类型1。如基因操作仅改变受体生物的表型或基因型，对人类健康和生态环境没有影响或没有不利影响的，确定为类型2。如基因操作在改变受体生物的表型或基因型的同时，不能确定其对人类健康或生态环境影响，或可能对人类健康或生态环境产生不利影响，则确定为类型3。

3. 转基因植物的安全等级确定

转基因植物的安全等级确定，遵循个案分析、实质等同原则，综合考虑转基因植物的遗传稳定性、环境安全性、食用安全性等方面因素，根据受体生物的安全等级和基因操作对其安全等级的影响类型及影响程度确定（图1-4），也分为Ⅰ（尚不存在危险）、Ⅱ（具有低度危险）、Ⅲ（具有中度危险）或Ⅳ（具有高度危险）四级，分级标准与受体生物的分级标准相同。

（二）转基因植物产品安全等级的确定

转基因植物的安全等级并不等同于转基因植物产品的安全等级，转基因植物产品的安全性还受生产、加工活动的影响。农业转基因产品的生产、加工活动对转基因生物安全等级的影响分为三种类型：增加转基因生物的安全性（类型1），不影响转基因生物的安全性（类型2），降低转基因生物的安全性（类型3）。需要根据生产、加工活动对不同安全等级的农业转基因生物影响的同时，综合考量转基因产品的稳定性、环境安全性、食用安全性以确定其产品的安全等级（图1-5）。

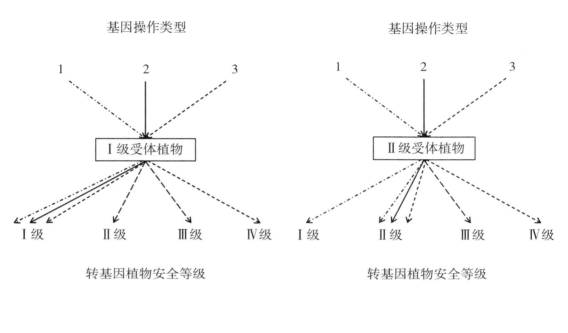

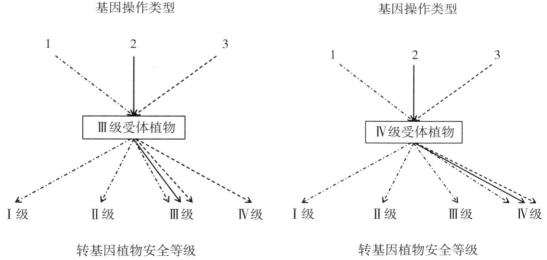

图1-4 转基因植物安全等级确定路线

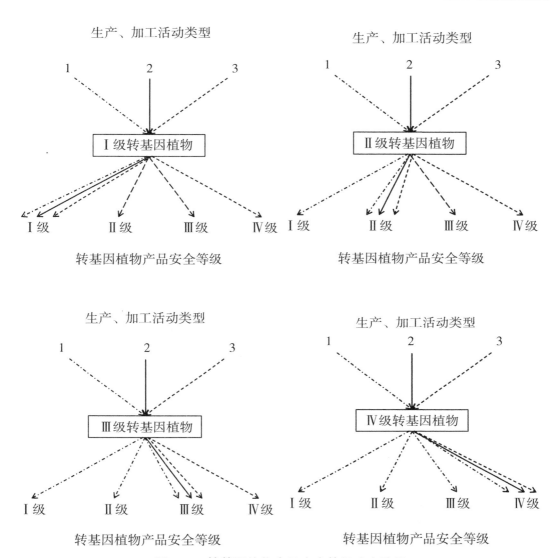

图1-5 转基因植物产品安全等级确定路线

根据以上流程，确定各阶段操作对象的安全等级，对安全等级不同的转基因植物采取相应的安全管理控制措施保证转基因研究和应用的安全。

二、农业转基因生物安全证书申请

（一）申请农业转基因生物安全证书的材料要求

农业转基因生物安全证书申领，须在转基因农作物田间试验结束后向国务院农业农村行政主管部门申请，并提交如下材料：①安全评价申报书；②农业转基因生物的安全等级和确定安全等级的依据；③中间试验、环境释放和生产性试验阶段的试验总结报告；④按要求提交农业转基因生物样品、对照样品及检测所需的试验材料、检测方法；⑤其他有关材料。

主管部门在收到申请后，应当委托具备检测条件和能力的技术检测机构进行检测，并组织农业转基因生物安全委员会进行安全评价，主要评价农业转基因生物对人类、动植物、微生物和生态环境构成的危险或者潜在的风险。

（二）农业转基因生物安全证书核发流程

国务院农业农村行政主管部门收到申请后，委托具备检测条件和能力的技术检测机构进行检测，并组织农业转基因生物安全委员会进行安全评价；安全评价合格的，方可颁发农业转基因生物安全证书（图1-6）。

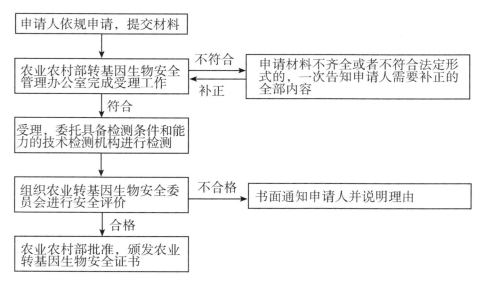

图1-6　转基因生物安全证书核发流程

依法开展的转基因生物安全评价，遵循科学程序、依据科学事实、经由专业分析最终做出结论，安全评价合格的转化体材料方可获得转基因生物安全证书。从这个角度看，获得转基因生物安全证书的转基因生物肯定是安全的，我们可以放心使用。

第二章　转基因大豆的研究与应用

大豆（*Glycine max*）古称"菽"，是人类和动物的主要蛋白和脂肪来源。作为世界重要的粮油兼用作物，大豆产业关乎种植业、养殖业、饲料工业和食品工业等多个行业的发展，在国民经济发展中具有特殊的战略地位。

19世纪以来，大豆在全球普遍种植，大豆产量快速增长。据美国农业部（USDA）报告，2020年全球大豆总产35 346万t，大豆生产主要集中在巴西、美国、阿根廷等土地资源丰富的国家，其中巴西和美国两国的大豆产量接近世界大豆总产量的70%（图2-1）。

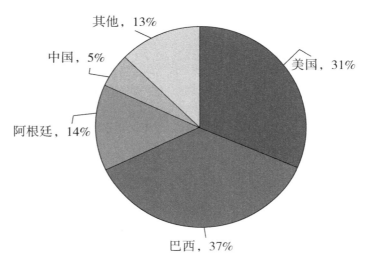

图2-1　全球2020/2021年大豆种植格局（按产量）

［数据来源：美国农业部（USDA）］

中国是世界上第一大大豆消费国。随着经济的快速发展和人民生活水平的不断提高，人们食物结构改变，食用油和动物饲料消费快速增长，市场对大豆及其副产品的需求量激增，产需矛盾突出。从1996年起中国成为全球最大的大豆进口国，大豆进口数量从1996年的58万t，增加到2020年的10 031万t，增长了近172倍，占全球大豆进口数量的61%（数据源于国家统计局、海关总署、美国农业部）。大豆作为中国本土起源的一种主要传统农作物，迄今已有5 000余年的栽培历史（赵团结 等，2004），但我国大豆生产远不能满足国人营养需要。要想改善这种供求状况，就中国内部而言，基于人口众多、人均耕地少、主粮作物需求量大等问题，中国大豆种植面积短期内不会大幅增加，总产量的提高主要依赖于单产的提高，其中品种的选育是关键。

第一节　大豆品种选育技术

农作物优良品种是农业增产的核心要素，优良品种的选育贯穿农业生产发展的历史，是人类长期的经验积累和智慧结晶。纵观育种技术发展历程，根据育种原理和方法的不同，可将品种选育分为原始育种、传统育种和分子育种 3 个阶段（景海春 等，2021）。

一、原始育种

原始育种开始于人类诞生的远古时代，经历了漫长的历史时期，标志着原始农业的兴起。大豆至今已有 5 000 余年的种植史，在漫长的种植过程中，人类根据作物自身的变化，通过肉眼观察，从经验出发选择合适的、符合预期表型的大豆留种使用，经过长期的定向选择，完成野生大豆向栽培大豆的驯化，并不断地获得性状改良的栽培大豆品种。

二、传统育种

19 世纪 30 年代经典遗传学基因三大定律创立，人们开始以遗传学为理论基础，综合应用生态、生理生化、病理和生物统计等多学科知识，主动创造遗传变异、改良遗传特性，以培育优良动植物新品种。

杂交育种指利用杂交优势，用不同基因组成的同种（或不同种）生物个体进行杂交，将其基因进行重组，筛选获得所需要的表现型类型的育种方法。其一般过程是：用具有相对性状的纯合体作亲本杂交获得子一代，子一代自交获得子二代，从子二代中选择符合要求的表现型个体；或者进行连续自交，直至获得能稳定遗传的新品种。杂交育种是传统育种的典型代表，至今依然在农业生产中发挥着巨大作用。

诱变育种指在人为作用下，利用物理、化学等各种因素，在一定条件下诱导作物体遗传物质发生变异，从变异的作物中选择最佳的单个植物进而培育出新品种的技术方法。其一般过程是：用物理因素（激光、电离辐射等）、化学因素（甲基磺酸乙酯、核酸碱基类似物、秋水仙素等）和太空环境（辐射、失重）处理作物材料，使材料内部的染色体发生变化，诱发植物基因变异，经选择、鉴定、培育获得新的品种。

倍性育种指人工诱导植物染色体数目发生变异，从而创造新的植物类型或新品种的育种方法。包括单倍体育种和多倍体育种，由于多倍体植株结实率低，故少见大豆育种的应用。

细胞工程育种是以细胞为基本单位，在体外条件下进行培养，促使细胞融合的方法获得杂种细胞，进而培育新的杂种植株的育种方法。一般过程就是用酶解法去除细胞壁制备原生质体，诱导原生质体细胞膜、细胞核融合，组织培养获得体细胞杂种，经鉴定选择获得新的品种。

三、分子育种

20 世纪 70 年代，分子生物学技术手段应用于育种中，开启了以转基因技术为代表的分子育种新时代。

转基因育种指利用基因工程技术将外源目的基因导入受体植物基因组改变生物基因组构成，从而达到改变生物遗传性状，创造新品种的育种方法。其一般过程包括根据育种目的选择表达预期性状的目的基因，运用合适的方法将目的基因导入受体组织或细胞，对转化体进行组织培养、鉴定，筛选出符合要求的新品种。

基因编辑育种指运用基因组编辑技术对生物体基因组进行敲除、插入或置换，精准改变生物基因组构成，创造新品种的育种方法。一般经过目标基因靶标位点的选择、基因编辑载体构建、转染编辑三步获得突变体，再通过组织培养筛选、鉴定最终得到改良品种。

分子辅助标记育种指利用与目标基因紧密连锁的分子标记，在杂交后代中结合基因型与表现型鉴定进行辅助选择育种。分子辅助标记育种的本质还是杂交育种，只是借助分子标记辅助选择技术效率高、准确性强的特点，通过实验室操作进行品种选择而不须大田种植就可以完成作物表形鉴定，大大缩短了杂交育种的年限。

随着基础理论的突破性发展和技术手段的不断革新，基于对控制作物重要性状的关键基因及其调控网络的认识，利用基因组学、表型组学等多组学数据进行生物信息学的解析、整合、筛选、优化，设计有效的育种方案，最终高效精准地培育出目标新品种的分子设计育种应运而生（Peleman et al.，2003）。今后较长的一段时期内，育种技术将呈现传统育种与分子育种共存竞争的态势，随着农作物重要性状的形成与演化规律、复杂性状表现调控机理的日渐清晰，大数据科学和生物技术的不断进步，新型生物技术将不断颠覆育种理念，各种育种技术将进一步融合，成为作物育种新的发展方向。

第二节 转基因大豆研发概况

大豆是最早实现转基因技术商业化应用的农作物，也是国际上种植面积最大的转基因作物，在美国已推广应用25年，巴西、阿根廷、加拿大等大豆出口大国也广泛应用。随着研究的不断深入，转基因大豆类型日渐增多，从转基因大豆中外源目的基因的数量可分为转单基因大豆和转多基因大豆两大类。

一、转单基因大豆

转基因大豆的知识产权由孟山都、拜耳等大型跨国企业掌握，其中孟山都公司拥有16种，位居第一。近年我国转基因大豆研发也取得很大进步，具有自主知识产权的三种转基因大豆获得转基因生物安全证书，其中大北农集团研发的转基因大豆DBN9004获准在阿根廷种植，并获得我国进口安全证书，是我国自主研发的第一例商业化种植的转基因粮食作物。

（一）耐除草剂转基因大豆

杂草是大豆生产中最主要的危害因子之一，将耐除草剂基因转入大豆，培育转基因大豆新品种，配套施用目标除草剂，是低成本、高效率防控豆田杂草的主要方式。当前商业化种植的耐除草剂转单基因大豆共有32个转化体。耐除草剂转基因大豆GTS40-3-2是最早商业化应用的转基因作物，转入的耐除草剂基因是5-烯醇式丙酮莽草酸-3-磷酸合酶基因（*epsps*），具有耐草甘膦除草剂性状（Duke et al.，2005）。目前，该转基因大豆共获得不同国家和地区的57个批文，其中12个国家/地区批准种植，24个国家/地区（含欧盟）批准食用，21个国家/地区（含欧盟）批准饲用，是当前应用最为广泛的转基因大豆（国际农业生物技术应用服务组织，2021）。此外，乙酰羟酸合酶诱导基因（*AHAS*，耐灭草烟）（Aragao et al.，2000）、乙酰乳酸合酶基因（*als*，耐碘酰脲类和嘧啶羧酸类除草剂）（Endo et al.，2007）、4-羟基苯双加氧酶基因（*HPPD*，耐异噁唑草酮）（Dufoumantel et al.，2007）、乙酰转移酶基因（*gat*，耐草甘膦）（Green et al.，2008）、乙酰转移酶基因（*pat*、*bar*，耐草铵膦除草剂）（Kita et al.，2009）等其他耐除草剂基因也在转基因大豆中得到广泛应用。

（二）抗虫转基因大豆

虫害是大豆生产中的另一个主要生物限制因子，通常通过喷施杀虫剂加以控制。抗虫转基因大豆的出现能有效减少农药投入、提高生产效率，推广应用很快。目前批准商业化应用的单基因抗虫大豆有 6 个转化体。抗虫基因主要包括从苏云金芽孢杆菌（Bt，*Bacillus thuringiensis*）中获得 *Cyr*1*Ac*、*Cyr*1*F*、*cry*1*A*. 105、*cry*2*Ab*2 等基因（谭巍巍 等，2019）。豇豆的胰蛋白酶抑制剂（*CpTI*）具有广谱抗虫性，对鳞翅目、鞘翅目及直翅目的许多昆虫都有毒杀活性（王晓春 等，2007）。此外有研究表明，与野生甜菜抗性密切相关的甜菜胞囊线虫的基因 *Hs1pro*-1 转入大豆可增强对大豆胞囊线虫（*Heterodera glycines* Ichinohe，SCN）的抗性（Mclean et al.，2007）。

（三）品质改良转基因大豆

大豆成分决定品质，根据不同需求，人们积极开展大豆油脂组成及含量改良、蛋白成分改善、异黄酮等有益成分含量提高、过敏成分减少等研究。其中提高大豆脂肪含量和质量是大豆育种品质改良的主要研究方向，杜邦公司的转基因大豆 260-05 转入 *gm-fad*2-1 基因大大增加了大豆种子中油酸的高效累积，已获准多国商业化应用。研究表明 *DGAT*2*A*、*SLC*1、*AtDGAT*1 等基因可用以增加大豆油分、提高油质（高初蕾 等，2015）。将 *GmDofl*1 和 *GmDof*4 基因转入大豆中，发现可以提高种子油脂含量（曾旋睿，2017）。此外，在提高蛋氨酸含量（Yu et al.，2018）、高异黄酮（Zhao et al.，2017）等营养改良方面，也取得了一系列进展。

（四）抗逆转基因大豆

光照、水分、土壤和养分是作物生长的必要条件，异常温度、水分等因素是影响作物正常生长的重要因素，转基因技术可以改变作物对生长逆境的抗性，人们积极开展抗逆基因的开发和利用。转 *Hahb*-4 基因的抗旱转基因大豆已被批准商业化种植，还有研究表明将编码 L-Δ1 吡咯啉-5-羧酸还原酶基因（*P5CR*）转入大豆，在可诱导的热休克启动子的控制下，比非转基因植物更耐干旱和高温（De Ronde et al.，2004）。过表达编码抗 ER 分子伴侣结合大豆蛋白（soyBEPD）的内源基因可延缓旱季叶片衰老（Valnte et al.，2009）。

二、转多基因大豆

复合性状能赋予转基因作物多种功能性状，是农业生物育种的重要发展方向。

复合性状可通过多基因单载体共转化、多基因多载体再转化、转基因作物杂交等多种方式获得。基于转化过程的复杂性和不确定性，利用多个转化事件杂交是当前获得复合性状作物的主要方式，主要是抗除草剂与抗虫两个性状的复合事件，也有抗除草剂与高产、抗除草剂与抗逆、抗除草剂与高油、抗虫与高产、抗虫与抗逆等性状的复合事件。其中最为典型的代表是已在巴西商业化种植的复合性状转基因大豆，由转单基因大豆 MON87751、MON87701、MON87708、MON89788 经杂交育种，成功地将 5 个外源基因聚合于一体，使具有耐草甘膦、耐麦草畏、抗鳞翅目害虫的性状。

第三节　转基因大豆产业化现状

转基因大豆是转基因农作物的典型代表，以其巨大的优势受到全球农民的青睐。是世界上最早商品化、推广应用速度最快的转基因作物。当前全球商业化种植的转基因大豆共有 43 种转化体，包括 27 种独立转化体和 16 种复合性状转基因大豆（表 2-1）。

表 2-1　全球商业化转基因大豆转化体信息

序号	转化体类型	目的基因	性状类别	中国批准年份
1	GTS40-3-2	CP4-epsps	耐除草剂	2004
2	MON89788	CP4-epsps	耐除草剂	2008
3	MON87701×MON89788	cry1Ac，CP4-epsps	复合性状	2013
4	MON87701	cry1Ac	抗虫	2013
5	MON87769	CP4-epsps，PJ. D6D，Nc. Fad3	复合性状	2015
6	MON87705	fatb1-A，fad2-1A，CP4-epsps	复合性状	2017
7	MON87708	dmo	耐除草剂	2015
8	MON87708×MON89788	dmo，CP4-epsps	复合性状	
9	MON87712	CP4-epsps，BBX32	复合性状	
10	MON87705×MON87708	fatb1-A，fad2-1A，dmo	复合性状	

（续表）

序号	转化体类型	目的基因	性状类别	中国批准年份
11	MON87705×MON89788	*fatb1-A*, *fad2-1A*, *CP4-epsps*	复合性状	
12	MON87751	*cry1A. 105*, *cry2Ab2*	抗虫	2020
13	MON87769×MON89788	*CP4-epsps*, *Pj. D6D*, *NC. Fad3*	复合性状	
14	MON87705×MON87708× MON89788	*fath1-A*, *fad2-1A*, *dmo*, *CP4-epsps*	复合性状	
15	MON87708×MON89788× A5547-127	*dmo*, *CP4-epsps*, *pat*	复合性状	
16	MON87751×MON87701× MON87708×MON89788	*cry1A*, *cry2Ab2*, *cry1Ac*, *dmo*, *CP4-epsps*	复合性状	
17	A2704-12	*pat*	耐除草剂	2007
18	A2704-21	*pat*	耐除草剂	
19	A5547-35	*pat*	耐除草剂	
20	A5547-127	*pat*	耐除草剂	2014
21	GU262	*pat*	耐除草剂	
22	W62	*bar*	耐除草剂	
23	W98	*bar*	耐除草剂	
24	FG72	*2mepsps*, *hppdPF W36*	耐除草剂	2016
25	FG72×A5547-127	*2mepsps*, *hppdPF W3376*, *pat*	复合性状	
26	260-05（G94-1、 G94-19、G168）	*gm-fad2-1*	品质改良	
27	DP356043	*gm-hra*, *gat4601*	耐除草剂	2020
28	DP305423	*gm-hra*, *gm-fad2-1*	复合性状	2011
29	DP305423×GTS40-3-2	*gm-hra*, *gm-fad2-1*, *CP4-epsps*	复合性状	2014
30	DP305423×MON87708	*gm-fad2-1*, *dmo*	复合性状	
31	DP305423×MON89788	*gm-fad2-1*, *CP4-epsps*	复合性状	

（续表）

序号	转化体类型	目的基因	性状类别	中国批准年份
32	DP305423×MON87708×MON89788	*gm-fad2-1*，*dmo*，*CP4-epsps*	复合性状	
33	DAS68416-4	*aad-12*，*pat*	耐除草剂	
34	DAS44406-6	*2mepsps*，*aad-12*，*pat*	耐除草剂	2018
35	DAS68416-4×MON89788	*aad-12*，*pat*，*CP4-epsps*	复合性状	
36	DAS81419-2	*cry1F*，*cry1Ac*，*pat*	复合性状	2019
37	DAS81419×DAS44406	*cry1F*，*cry1Ac*，*pat*，*aad-12*，*2mepsps*	复合性状	
38	CV127	*csr1-2*	耐除草剂	2013
39	GMB151	*cry14Ab1*，*hppdPf4Pa*	复合性状	
40	SYHTOH2	*pat*，*avhppd-03*	耐除草剂	2018
41	HB4	*Hahb-4*	抗逆	
42	HB4×GTS40-3-2	*Hahb-4*，*CP4-epsps*，	复合性状	
43	DBN-09004-6	*CP4-epsps*，*pat*	耐除草剂	2020

数据来源：国际农业生物技术应用服务组织（ISAAA）数据库。

一、转基因作物种植概况

基因作物作为现代农业史上生物技术应用最为集中的领域，自 1996 年美国转基因作物商业化种植以来，产业化进程不断加快，种植面积快速增长（图 2-2）。

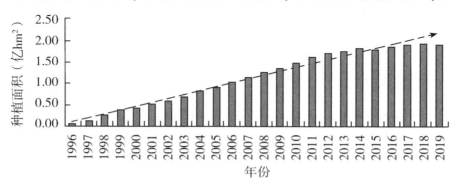

图 2-2　全球转基因作物种植面积（1996—2019 年）

［数据来源：国际农业生物技术应用服务组织（ISAAA）数据库］

1996—2019 年，转基因作物累计种植面积达到 27 亿 hm²，是我国国土面积的近 3 倍。2019 年 29 个种植国家中有 19 个种植面积超过 5 万 hm²，其中，超过 1 000 万 hm² 的国家有 5 个，分别为：美国（7 150 万 hm²）、巴西（5 280 万 hm²）、阿根廷（2 400 万 hm²）、加拿大（1 250 万 hm²）和印度（1 190 万 hm²）。这 5 个国家转基因作物种植面积达到 1.727 亿 hm²，约占全球转基因作物种植面积的 90.7%。

目前大规模商业化种植的转基因作物的性状以耐除草剂、抗虫单一性状和复合性状为主。1996—1998 年，全球仅有抗虫和耐除草剂两种单一性状作物种植，1999 年开始，复合性状作物开始种植。在 3 种主要性状种植作物中，抗虫单一性状作物种植面积比例呈下降趋势，近 5 年其占比保持在 13% 左右。耐除草剂性状作物种植面积 2018 年以前的 22 年保持领先位置，占比缓慢下降，但其占比仍然在 42.8% 以上。1999 年以后，复合性状是发展最快的目标性状，种植面积快速增加，2007 年超过抗虫转基因作物种植面积，2019 年超过耐除草剂转基因作物种植面积，成为第一大性状转基因作物，占全球转基因作物种植面积的比例达到 45%（图 2-3）。

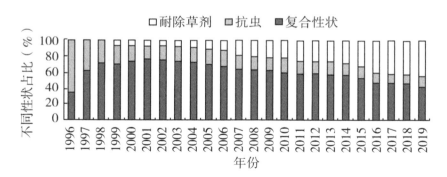

图 2-3　全球不同性状转基因作物种植占比（1996—2019 年）

［数据来源：国际农业生物技术应用服务组织（ISAAA）数据库］

二、转基因大豆种植概况

1996 年全球商业化种植的转基因作物主要有大豆、玉米、烟草、棉花、油菜、番茄、马铃薯等，其面积约占当年转基因作物种植面积的 60%，此外还有烟草、番茄、马铃薯等转基因作物种植占 40%。其中转基因大豆种植面积仅小于转基因棉花，占转基因作物种植面积的 18%。从第二年开始，转基因大豆、玉米、棉花和油菜种植面积快速扩张，其种植面积之和占全球转基因作物种植面积的比例接近 100%。其中，转基因大豆种植面积猛增，占转基因作物种植面积的 46%，随后一直保持领先，2001 年占比更是达到 63%，此后虽然有所下降，但还保持在 47% 以上（图 2-4）。

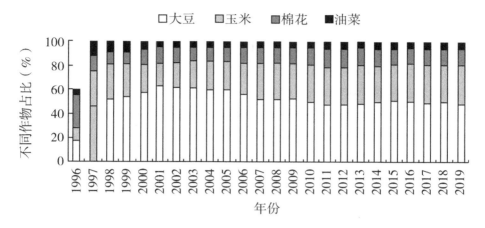

图 2-4　全球四大转基因作物种植面积占比（1996—2019 年）

［数据来源：国际农业生物技术应用服务组织（ISAAA）数据库］

自商业化种植以来，根据单种作物的种植面积计算，转基因大豆种植率不断提高。2019 年，全球 74% 的大豆为转基因大豆（图 2-5）。

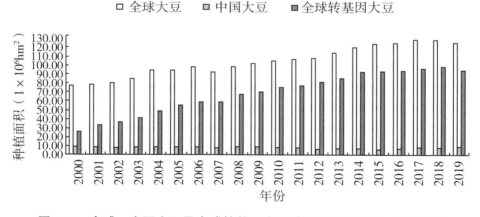

图 2-5　全球、中国大豆及全球转基因大豆种植面积（2000—2019 年）

［数据来源：国家统计局，ISAAA］

三、转基因大豆贸易概况

中国曾经是大豆的生产大国和净出口国，随着转基因大豆在美国等国家的应用和普及，世界大豆生产、贸易格局发生重大改变。当前大豆生产和出口主要集中在美国、巴西、阿根廷等土地资源丰富的国家，其中美国和巴西两国的大豆产量约占世界大豆总产量的 60% 以上。大豆的主要消费国家有中国、美国、巴西和阿根廷等（赵小龙 等，2020）。大豆生产消费供需严重不平衡，大豆贸易快速增长，全球的大豆进出口量不断上升。根据联合国粮食及农业组织（Food and Agriculture Organization of the United Nations，FAO）统计，2010 年全球大豆进口量仅为 0.95 亿 t，2020 年全球大豆进口量达到 1.64 亿 t，十年时间，全球大豆的进口量翻了近一倍。中国从 1996 年起成为全球最大的大豆进口国，2009 年开始，中国进口大豆数量占全球进口大豆的一半以上，2020 年进口大豆 10 031 万 t，占全球进口大豆的 60%（图 2-6）。

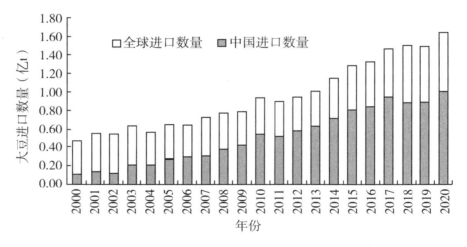

图 2-6　中国进口大豆数量（2000—2020 年）

（数据来源：国家统计局、联合国粮食及农业组织）

　　全球转基因大豆种植率不断提高，我国也批准 19 种转基因大豆转化体进口用作加工原料，我国还批准国内自主研发的转基因大豆 DBN-09004、中黄 6106、SHZD3201 3 个转化体的生产安全证书（表 2-1）。而大豆主要出口国巴西、美国以及阿根廷的转基因大豆应用率超过 90%，由此可知，我国进口大豆绝大部分是转基因大豆，尽管我国没有转基因大豆的商业化种植，但转基因大豆已经不可避免地进入我们生活的方方面面。

　　转基因是一项新技术，也是一个新产业，具有广阔的发展前景。我国政府本着尊重科学、确保安全的原则，有序推进转基因等生物育种产业化应用。

第三章

转基因大豆的食用安全研究

转基因作物诞生以来，其安全性一直备受争议。因此，探究转基因作物对动物的潜在影响具有重要的现实意义。为此，各国均制定了相应的转基因生物安全评价体系。我国主要从分子特征、环境安全和食用安全三个方面对转基因生物进行安全评价。其中，食用安全性评价主要围绕营养成分分析和营养学评价、致敏性评价和毒理学评价展开（Andrew et al.，2002）。关于毒理学评价国内外常用不同转基因材料饲喂大鼠（Zhou et al.，2011）、罗非鱼（Suharman et al.，2009）、山羊（Tudisco et al.，2010）等模型动物，研究动物体重增长、饲料利用率、脏器系数、血常规、血清化学、重要器官结构变化等。

多数研究认为喂食转基因饲料未对测试动物产生显著影响。饲喂转基因高油酸大豆对大鼠的器官发育未出现明显的有害影响，主要脏器也未见明显病理学改变（张力等，2011）。采用转基因大豆与传统大豆喂养大鼠 90 d 后，在体重、食物消耗量、体重增重以及食物利用率上均无显著差异（Qi et al.，2012）。以抗草甘膦大豆 356Ø43 为材料对大鼠进行神经系统的检测，研究表明转基因大豆对大鼠神经行为学也无显著性影响（Appenzeller et al.，2008）。关于转基因大豆致敏性研究，结果未见转基因大豆和非转基因大豆组存在显著差异（Batista et al.，2007）。此外，转基因大豆对小鼠生殖系统（芦春斌 等，2012）和雌鼠胚胎发育（芦春斌 等，2014）无显著影响。但有研究发现喂食抗草甘膦大豆的母羊所产的小羊 γ-谷氨酰胺转移酶的水平较高，影响了肝脏和肾脏的细胞代谢。也有研究认为转基因大豆引入其他植物的外部基因对人体会产生过敏事件（左娇 等，2013）。

本章主要通过饲喂模型动物 SD 大鼠含转基因大豆成分饲料，从系统、器官、组织、细胞、分子水平探讨转基因成分对试验雄性大鼠的影响，评价转基因大豆的食用安全性。

第一节 转基因大豆对亲代雄性大鼠
生长发育的影响

一、主要材料与方法

（一）饲料配制与试验动物分组

1. 转 *CP4-EPSPS* 基因大豆和亲本大豆

转 *CP4-EPSPS* 基因大豆为孟山都远东公司的 GTS40-3-2 大豆，非转基因大豆为其亲本 Soy-bean A5403 大豆。转基因成分经由农业农村部农作物生态环境安全监督检验测试中心（太原）验证确认。

2. 饲　料

试验所需饲料分为含转基因大豆成分饲料和含对照大豆成分饲料两种，饲料以玉米、白面、鱼粉、麸皮、石粉、酵母和大豆为主要原料，并添加多种维生素和微量元素，根据常规大鼠饲料配比要求，大豆添加量占饲料质量分数的 20%。饲料间除大豆分别为转 *CP4-EPSPS* 基因大豆和 Soy-bean A5403 大豆外，其他成分的来源和添加量一致。饲料委托山西医科大学实验动物中心加工，营养成分符合《实验动物配合饲料营养成分》（GB 14924.3—2010）要求。

3. 试验动物

试验所用大鼠均在山西农业大学动物房喂养，饲喂环境安静，室温（24±2）℃，相对湿度 45%~70%，试验期间动物可以自由采食、饮水和活动。健康 30 d 龄 SD 大鼠购自山西医科大学实验动物中心［生产许可证号：SCXK（晋）2015001］，常规饲料喂食一周适应环境后，随机分成两组，设喂食含转基因大豆饲料大鼠为试验组（GM 组），喂食含非转基因大豆饲料大鼠为对照组（CK 组）。根据试验设计，在饲喂大鼠试验饲料 30 d、60 d、90 d 时，分别从 GM 组和 CK 组中随机选取 5 只大鼠用于试验。

（二）方　法

1. 行为活动监测

从试验开始，每天早中晚定时观察大鼠的形态、行为活动、饮食饮水、精神状态、粪便及异常死亡等情况并记录。

2. 进食量与体重

在保证大鼠饲料供应充足的前提下，计量饲料加入量和剩余量计算进食量，进食量＝加入量－剩余量。每周定期称量试验大鼠体重，行体表检查，重点检视眼、耳、口、鼻、肛门和外生殖器。

3. 血液生理生化指标检测

采血前禁食 16 h，先用乙醚将大鼠全身中度麻醉，取大鼠尾血放置于抗凝管中。血样在 4 000 r/min 下离心 15 min 以获得血清，用贝克曼库尔特全自动生化分析仪（AU5811）进行测定。

4. 脏器系数的测定

用颈椎脱臼法处死大鼠，称量体重，解剖取出脑、心、脾、肝、胃、肺、肾、睾丸、附睾、肾上腺和肠管，小心去除表面脂肪、筋膜等连粘连结构和空腔器官内容物后，称重并量取肠道长度，计算大鼠重要器官的脏器系数。脏器系数＝脏器重量/该鼠的体重×100%。

5. 小肠切片制作

将去除肠系膜和内容物的小肠清洗并切块，用其体积 20 倍以上的 10% 福尔马林液固定组织 24 h，依次通过 70%、80%、90%、95%、95%、100%、100%的梯度乙醇溶液脱水，每次 1.5 h；二甲苯透明两次，每一次 1 h；石蜡透蜡包埋、修块、切成 6 μm 的薄片，黏片剂贴片、二甲苯脱蜡、乙醇复水、苏木精染色 5 min、盐酸乙醇液分色 3～5 s、自来水冲洗蓝化 2 min、伊红复染 0.5 min、95% 乙醇脱水两次、透明 20 min、中性树胶封存制成组织切片。在光学显微镜下观察小肠的组织结构。

6. 小肠组织结构量化分析

每只大鼠选取一张小肠绒毛走向平直、结构完整的切片，每张切片测量 5 组数据；测量小肠（包括十二指肠、空肠、回肠）长度（l）；将小肠纵向剪开后展平，用游标卡尺测量管径的周长（c）。

构建小肠绒毛结构模型，在显微镜下测量相关数据，计算小肠绒毛面积。根据小肠绒毛结构模拟为顶部是半球的圆柱体（Nabuurs et al.，1993），小肠壁和绒毛可被简化为图 3-1 中 B 的形状，图中小肠黏膜（s）包括外膜层、肌层、黏膜下层；绒毛长度（$h+r$）可以分解为圆柱高和圆柱半径两个部分的长度，测量时量取绒毛基部到绒毛最顶端之间的距离；绒毛宽度（$2r$）以绒毛中部为准；绒毛间距（d）为绒毛基部之间的距离。显微镜下测量小肠绒毛长度、宽度、间距。绒毛表面积 $s = 2\pi rh + 2\pi r^2$，小肠绒毛总面积=$l/$（$d+2r$）×$c/$（$d+2r$）×s。

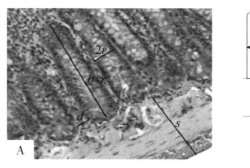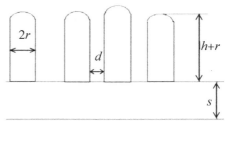

图 3-1 小肠绒毛近似模型

A：大鼠小肠切片；B：近似模拟图。

7. 统计分析

对原始数据进行标准化或归一化处理，数据录入 WPS 表格进行方差统计分析，数据以 $\bar{x} \pm s$ 表示，组间数据比较采用 t 检验，以 $P<0.05$ 为有统计学意义。

二、结　果

（一）体表检查及行为活动

在整个试验过程中，GM 组和 CK 组动物均未发现明显中毒症状。试验大鼠白天活动较少，晚上活动敏捷，被毛浓密有光泽，瞳孔清晰，口鼻无出血和异常分泌物，四肢无肿胀和外伤，生殖器无肿胀和溃烂，粪便尿液正常，精神及对外界反应情况正常，饮食饮水正常，无异常死亡现象。

（二）大鼠体重和进食量

试验周期内，按周统计大鼠体重和进食量结果如图 3-2 和图 3-3 所示。与同期 CK 组大鼠相比，GM 组大鼠体重增长和进食量无显著性差异（$P>0.05$）。试验开始 0～4 周，大鼠处于生长发育期，表现为饲料消耗快速增加，体重增长较快；4～9 周，大鼠经历性成熟、体成熟步入成年期，进食饲料不仅用于身体生长，还需要消耗更多的饲料来维持其日常行为活动，体重增速低于同期饲料增速；9～13 周，两组大鼠进食量小幅波动，体重增长更趋缓慢。

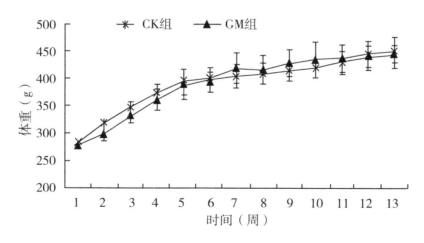

图 3-2　雄性大鼠体重随时间的变化（$n=5$）

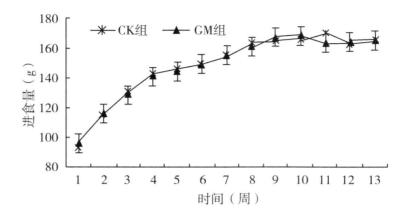

图3-3 雄性大鼠进食量的变化（n=5）

（三）大鼠血液生化指标

检测试验开始第30天、60天、90天大鼠血液中谷丙转氨酶（ALT）、谷草转氨酶（AST）、总蛋白（TP）、碱性磷酸酶（ALP）、白蛋白（ALB）、球蛋白（GLB）、白球比例（A/G）、甘油三酯（TG）和总胆固醇（CHO）的含量，两组动物部分指标的差异有统计学意义（$P<0.05$，表3-1），具体为90 d两处理组谷草转氨酶（AST）和总蛋白（TP）存在显著性差异。

表3-1 雄性大鼠血液生化指标测定结果

项目	GM			CK		
	30 d	60 d	90 d	30 d	60 d	90 d
ALT (U/L)	33.80± 0.52	37.50± 1.92	39.70± 0.89	32.60± 0.98	39.10± 1.11	40.70± 1.37
AST (U/L)	149.10± 0.77	150.70± 3.00	151.10± 0.09 a	152.40± 0.70	153.50± 0.51	155.80± 0.27
TP (g/L)	47.80± 0.03	46.10± 0.10	44.10± 0.32 a	49.60± 0.51	47.50± 0.22	46.50± 0.76
ALP (U/L)	193.00± 0.44	143.00± 0.85	112.00± 2.12	186.00± 0.16	130.20± 1.06	110.00± 0.06
ALB (g/L)	14.70± 0.35	16.40± 0.23	19.20± 0.22	15.00± 2.10	16.80± 0.52	18.90± 1.06
GLB (g/L)	11.70± 0.05	13.00± 0.64	16.30± 0.74	13.50± 1.01	13.70± 0.48	15.80± 0.97

（续表）

项目	GM			CK		
	30 d	60 d	90 d	30 d	60 d	90 d
A/G	1.26± 0.44	1.26± 1.92	1.18± 0.29	1.11± 0.20	1.23± 0.52	1.20± 0.24
TG (mmol/L)	0.28± 1.83	0.47± 0.13	0.54± 1.77	0.30± 0.85	0.40± 1.28	0.51± 2.22
CHO (mmol/L)	1.17± 0.20	1.55± 0.76	1.62± 1.42	1.09± 1.35	1.60± 1.21	1.86± 1.35

注：a 表示 GM 组与 CK 组在 $P<0.05$ 水平差异有统计学意义（$n=5$）。

（四）脏器系数

统计分析十种重要器官脏器系数，可以看出饲喂期间两组大鼠脑、心、脾、肝、胃、肺、肾、睾丸、附睾和肾上腺的脏器系数随着年龄的增长整体呈下降趋势。与 CK 组相比，30 d 饲喂后，十种器官脏器系数差异不显著（$P>0.05$）；饲喂 60 d 后，两组间附睾脏器系数差异显著（$P<0.05$），其他器官间无显著差异；90 d 饲喂后，两组间肺脏器系数差异显著（$P<0.05$），其他器官间无显著差异（表3-2）。

表 3-2 转基因大豆对脏器系数的影响 （单位：%）

器官	组别	30 d	60 d	90 d
脑	GM	0.540±0.067	0.430±0.029	0.380±0.011
	CK	0.525±0.082	0.397±0.012	0.367±0.010
心	GM	0.404±0.081	0.341±0.041	0.336±0.014
	CK	0.379±0.082	0.328±0.054	0.324±0.013
脾	GM	0.203±0.017	0.174±0.022	0.161±0.031
	CK	0.200±0.015	0.183±0.013	0.185±0.020
肝	GM	3.085±0.234	2.830±0.272	2.795±0.168
	CK·	2.904±0.110	2.624±0.181	2.595±0.119
胃	GM	0.483±0.039	0.357±0.093	0.407±0.032
	CK	0.470±0.075	0.417±0.109	0.405±0.023
肺	GM	0.418±0.047	0.418±0.028	0.416±0.026 a
	CK	0.450±0.065	0.401±0.045	0.430±0.021

（续表）

器官	组别	30 d	60 d	90 d
肾	GM	0.673±0.049	0.643±0.066	0.588±0.066
	CK	0.626±0.085	0.526±0.045	0.597±0.025
睾丸	GM	0.816±0.097	0.634±0.112	0.631±0.045
	CK	0.732±0.116	0.620±0.031	0.610±0.046
附睾	GM	0.373±0.034	0.312±0.032 a	0.298±0.033
	CK	0.371±0.032	0.294±0.047	0.285±0.023
肾上腺	GM	0.025±0.003	0.016±0.004	0.016±0.003
	CK	0.026±0.003	0.016±0.002	0.117±0.077

注：a 表示 GM 组与 CK 组在 $P<0.05$ 水平差异有统计学意义（$n=5$）。

（五）小肠组织切片镜检

试验开始后第 30 天、60 天、90 天处死大鼠，解剖制作小肠组织切片（图 3-4）。镜检可见 GM 组和 CK 组小肠壁结构完整，外膜层、肌层、黏膜下层和

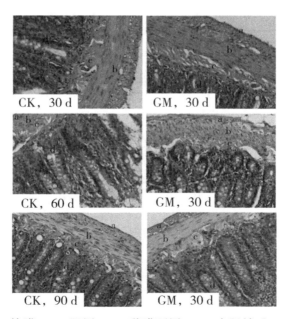

a—外膜；b—肌层；c—黏膜下层；d—小肠绒毛。

图 3-4 不同时期的小肠组织学分析（×400）

黏膜层界限清晰，小肠绒毛排列致密、大小均匀，细胞形态正常，均无明显病理改变。

（六）小肠组织结构量化分析

大鼠十二指肠、小肠（包括空肠和回肠）和大肠 3 种消化管长度组间无显著差异（表 3-3）；统计分析小肠（包括十二指肠、空肠和回肠）肠管周长和绒毛测量数据（表 3-4），结果显示，30 d、60 d 处理试验大鼠组间无显著差异，90 d 处理 GM 组与 CK 组大鼠小肠绒毛宽度和绒毛表面积差异显著（$P<0.05$）。

表 3-3　大鼠肠道长度　　　　　　　　　　　　（单位：cm）

器官	CK 组			GM 组		
	30 d	60 d	90 d	30 d	60 d	90 d
十二指肠	2.54± 0.37	2.75± 0.31	3.04± 0.42	2.96± 0.28	3.41± 0.26	3.65± 0.44
小肠	99.57± 1.02	100.08± 0.80	104.9± 6.56	103.83± 4.02	106.69± 8.56	120.44± 14.28
大肠	27.62± 4.75	25.01± 2.08	26.5± 1.82	24.78± 1.95	26.04± 2.57	27.25± 1.72

表 3-4　大鼠小肠各指标的测量数据

项目	CK 组			GM 组		
	30 d	60 d	90 d	30 d	60 d	90 d
肠管周长（mm）	9.75± 0.56	9.70± 0.41	9.72± 0.80	9.80± 0.58	9.94± 0.45	9.75± 0.47
绒毛长度（mm）	0.57± 0.03	0.59± 0.02	0.67± 0.05	0.56± 0.03	0.57± 0.02	0.60± 0.04
绒毛宽度（mm）	0.12± 0.01	0.13± 0.01	0.15± 0.01	0.13± 0.01	0.13± 0.01	0.12± 0.01 a
绒毛间距（mm）	0.03± 0.00	0.03± 0.00	0.03± 0.004	0.03± 0.00	0.02± 0.00	0.02± 0.003
绒毛表面积（mm²）	0.25± 0.02	0.27± 0.03	0.35± 0.05	0.26± 0.03	0.25± 0.03	0.24± 0.02 a
绒毛总面积（mm²）	107 945.44± 14 894.81	110 686.68± 11 003.89	120 178.21± 18 637.29	105 764.34± 12 332.58	117 438.98± 2 113.51	159 931.34± 25 045.85

注：a 表示差异显著，$P<0.05$。

三、小 结

试验动物的日常行为表现和体重变化可以反映动物的基本健康状况，影响动物体重的因素有遗传、营养、疾病和运动等，但后天主要受营养条件及吸收功能的影响。本试验中两组大鼠日龄相同、初始体重无差异，饲养环境和处理方法一致，结果显示两组雄性大鼠进食量和体重变化趋势一致，均符合正常大鼠生长需求规律。

受试动物的血液生化指标是提示食物成分对机体的组织、器官有毒或无毒的重要依据。如血清中的谷丙转氨酶、谷草转氨酶、碱性磷酸酶主要反映肝脏疾病，如肝炎、肝损伤等；总蛋白、白蛋白和球蛋白主要反映的是肝脏的蛋白合成及代谢情况，而甘油三酯和总胆固醇则是反映机体内血糖和血脂的代谢情况。脏器系数是毒性试验的常用指标，可以敏感反映受试物对动物脏器的毒性作用。统计分析不同阶段受试动物的血液生化指标和 10 种重要器官脏器系数 57 组数据，发现与 CK 组相比，GM 组大鼠 90 d 处理组血液谷草转氨酶、总蛋白含量，60 d 处理组附睾、90 d 处理组肺脏器系数存在统计学差异，但 4 组数据全部数值均在相应日龄 SD 大鼠正常生理值范围（董延生 等，2012），且试验大鼠日常表现正常，解剖时未发现器官位置、形态、颜色、结构异常，也未找其他病变证据。差异显著可能由动物个体差异或中空管腔样器官材料处理偏差造成，无生物学意义。

镜检试验显示大鼠小肠结构未发现病理学改变。进一步分析小肠长度和小肠吸收面积，发现影响小肠容积的主要因素小肠长度两组间无显著差异；90 d 处理组小肠绒毛宽度与单一绒毛表面积差异显著，但由于单位面积上绒毛宽度的改变会影响小肠绒毛的数量，相关数据互补性的改变使得整个小肠的吸收面积没有产生显著变化，对试验大鼠进食和生长发育无不利影响，这一点也在大鼠进食量和体重指标方面得到了印证。

综上表明转基因大豆对动物的影响与传统非转基因大豆相同，转基因大豆对动物血清生化指标和器官发育没有显著影响，也不影响其取食、消化和吸收，试验饲料中两种大豆成分具有实质等同性。

第二节　转基因大豆对子代雄性大鼠主要器官和生殖机能的影响

生殖毒性问题，一直是转基因作物安全评价的主要问题，也是人们普遍关注的社会热点问题。转基因大豆对动物生殖系统影响研究较多，主要集中在转基因大豆对生殖系统发育和生殖器官结构方面，多数研究认为喂食转基因饲料未对测试动物产生显著影响。但有报道称耐草甘膦大豆能引起成年小鼠的睾丸、胚胎细胞形态结构和相应酶活性的变化，器官功能受到扰乱（Cisterna，2008）。这是否暗示着转基因大豆会对动物睾酮合成、精子质量产生影响？

哺乳动物生殖活动受神经和体液的调节，睾酮作为哺乳动物最重要的雄性激素，由睾丸间质细胞合成和分泌，在雄性动物精子生成、性行为维持中发挥重要作用。生理条件下睾酮在睾丸间质细胞线粒体内膜上由胆固醇合成。睾酮合成过程中类固醇激素合成急性调节蛋白（Steroidogenic Acute Regulatory Protein，StAR）参与胆固醇跨膜转运（Stoceo，2001）；葡萄糖转运蛋白GLUT8是睾酮激素合成和分泌过程中最主要的能量供应载体（陈粤，2004）；促黄体生成素受体蛋白（LHR）影响黄体生成素（LH）对睾酮合成中多种限速酶的调控（Sivakumar，2006）。睾丸间质细胞中这三种关键蛋白含量的多少及其基因表达水平的高低，势必影响睾酮的合成和分泌，继而影响到动物的生殖生理活动（Wang et al.，2017）。

本试验以长期喂食含有转基因大豆（GTS40-3-2）饲料的亲代大鼠繁殖获得子代大鼠，断乳后继续饲喂相同饲料，对喂食过程中子代雄鼠生长状况、主要器官发育和雄性激素睾酮合成必需蛋白表达的影响进行测试，从睾酮合成原料转运、能量供应、激素调节三个维度探讨转基因大豆对子代雄性大鼠器官和生殖机能的影响。

一、主要材料与方法

（一）饲料配置与试验动物分组

1. 转 *CP4-EPSPS* 基因大豆和亲本大豆

转 *CP4-EPSPS* 基因大豆为孟山都远东公司的 GTS40-3-2 大豆，非转基因大豆为其亲本 Soy-bean A5403 大豆。转基因成分经由农业农村部农作物生态环境安全监督检验测试中心（太原）验证确认。

2. 饲　料

试验所需饲料分为含转基因大豆成分饲料和含对照大豆成分饲料两种，饲料以玉米、白面、鱼粉、麸皮、石粉、酵母和大豆为主要原料，并添加多种维生素和微量元素，根据常规大鼠饲料配比要求，大豆添加量占饲料质量分数的20%。饲料间除大豆分别为转 *CP4-EPSPS* 基因大豆和 Soy-bean A5403 大豆外，其他成分的来源和添加量一致。饲料委托山西医科大学实验动物中心加工，营养成分符合《实验动

47

物配合饲料营养成分》（GB 14924.3—2010）要求。

3. 试验动物

试验所用大鼠均在山西农业大学动物房喂养，饲喂环境安静，室温（24±2）℃，相对湿度45%～70%，试验期间动物可以自由采食、饮水和活动。健康30 d龄SD大鼠购自山西医科大学实验动物中心［生产许可证号：SCXK（晋）2015001］，常规饲料喂食一周适应环境后，随机分成两组，试验组（GM组）喂食含转基因大豆饲料，对照组（CK组）喂食含常规大豆饲料。组内雌雄分笼饲喂90 d后，同组雌雄大鼠交配，交配期、孕期及哺乳期各组母鼠继续给予相应饲料饲喂。

子代大鼠母乳喂养21 d后，各组每窝随机至多抽取2只雄性仔鼠，每组16只，各组子代大鼠继续喂食与亲本大鼠相同饲料，饲喂30 d、60 d、90 d后，各组分别随机选取5只大鼠用于本研究。

（二）方　法

1. 脏器系数的测定

喂食子代大鼠30 d、60 d、90 d后，用颈椎脱臼法处死大鼠，称量体重，解剖取出脑、心、脾、肝、胃、肺、肾、睾丸、附睾、肾上腺和肠管，小心去除表面脂肪、筋膜等粘连结构和空腔器官内容物后，称重并量取肠道长度，计算大鼠重要器官的脏器系数。脏器系数＝脏器重量/该鼠的体重×100%。

2. 组织切片制作

解剖时对脏器进行大体观察，选择睾丸、附睾、肾和肺，用解剖剪将其修为5～8 mm的组织块，用10%甲醛溶液固定，梯度乙醇脱水、二甲苯透明、石蜡包埋后制成厚6 μm的组织切片，苏木精-伊红染色（HE）封存，在光学显微镜下进行组织病理学检查。

3. 睾酮合成限速蛋白基因表达RT-PCR检测

采用Trizol法提取大鼠睾丸组织总RNA，并反转录获得cDNA，利用 Primer Premier 5.0 设计 Realtime PCR 引物（表3-5）。按照试剂盒说明书，反转录获得cDNA，然后进行 Realtime PCR 反应。选用大鼠 18S rRNA 作为参照基因。

表3-5　引物信息

引物名称	引物序列（5'-3'）	
GLUT8	F：TCAAACTGACCCAGAGTGGC	R：CAGCCTACTGCAAAACCAGC
Star	F：AGTCATCACCCATGAGCTGG	R：TTCAGCTCTGATGACACCGC

（续表）

引物名称	引物序列（5′-3′）	
LHR	F：CCTGACGGTTATCACCCTGG	R：AAAAGAGCCATCCTCCGAGC
18S	F：GAAACGGCTACCACATCC	R：ACCAGACTTGCCCTCCA

选用 25 μL qRT-PCR 体系，每个体系中加入 1 μL cDNA，12.5 μL SYBR *Premix Ex Taq*™ Ⅱ，上游和下游引物各 1.0 μL，ROX reference dye 0.5 μL 和水 9 μL。每个样本设 4 个平行。采用 Bio-Rad 公司 IQ5 实时荧光定量 PCR 仪进行扩增。反应条件为：95 ℃预变性 10 min；95 ℃变性 5 s，60 ℃退火 30 s，72 ℃延伸 10 s，40 个循环；绘制溶解曲线，95 ℃ 15 s，60 ℃ 1 min，95 ℃ 15 s，0.3 ℃/s。

相同条件下，内参 18S *rRNA* 基因和目的基因在不同的管内扩增，反应结束后，软件自动导出扩增动力学曲线，溶解曲线和 CT 值，通过溶解曲线来判定 PCR 反应的特异性，根据荧光曲线的 CT 值分析计算得出定量结果。

4. 酶联免疫分析

室温融化冷冻保存的睾丸组织，用 3～5 ℃预冷的 PBS 溶液冲洗去除组织表面杂质。在 4 ℃条件下小心剥除被膜结构，用无菌剪刀将组织剪碎称重，按 1 g 组织加入 9 mL PBS 溶液，匀浆处理形成均匀的组织溶液，3 000 r/min 离心 20 min，取上清分装，依酶联免疫分析试剂盒说明书操作，反应终止后立即用酶标仪进行检测，运用 GEN5CHS2.01 软件分析处理检测数据。

5. 统计分析

对原始数据进行标准化或归一化处理，数据录入 WPS 表格进行方差统计分析，数据以 $\bar{x}\pm s$ 表示，组间数据比较采用 t 检验，以 $P<0.05$ 为有统计学意义。

二、结　果

（一）子代雄性大鼠重要器官脏器系数

称重计算九种重要脏器脏器系数统计分析结果见表 3-6，可以看出饲喂期间两组大鼠睾丸、附睾、脑、心、肺、肝、脾、肾和肾上腺的脏器系数随着年龄的增长而呈下降趋势。与 CK 组相比，30 d、90 d 饲喂后九种器官脏器系数无显著差异（$P>0.05$）；饲喂 60 d 后，睾丸、脑、心、肝、脾、肾和肾上腺的脏器系数无显著差异（$P>0.05$），而肺、附睾脏器系数存在显著差异（$P<0.05$）。

表 3-6   转基因大豆对脏器系数的影响

器官	组别	30 d	60 d	90 d
睾丸	GM	0.985±0.031	0.951±0.035	0.839±0.032
	CK	0.986±0.070	0.958±0.019	0.845±0.056
附睾	GM	0.266±0.009	0.204±0.008 a	0.185±0.006
	CK	0.280±0.024	0.216±0.004	0.191±0.003
脑	GM	0.600±0.022	0.581±0.076	0.544±0.026
	CK	0.576±0.019	0.569±0.025	0.541±0.011
心	GM	0.394±0.024	0.390±0.015	0.375±0.017
	CK	0.417±0.015	0.404±0.020	0.395±0.016
肺	GM	0.512±0.053	0.412±0.014 a	0.399±0.029
	CK	0.524±0.040	0.448±0.027	0.419±0.041
肝	GM	2.720±0.162	2.673±0.127	2.595±0.027
	CK	2.779±0.092	2.765±0.038	2.626±0.086
脾	GM	0.190±0.015	0.176±0.016	0.175±0.006
	CK	0.215±0.039	0.176±0.013	0.172±0.015
肾	GM	0.715±0.017	0.650±0.017	0.629±0.028
	CK	0.733±0.029	0.668±0.038	0.636±0.029
肾上腺	GM	0.020±0.002	0.017±0.001	0.016±0.001
	CK	0.019±0.001	0.016±0.001	0.016±0.001

注：a 表示 GM 组与 CK 组在 $P<0.05$ 水平差异有统计学意义（$n=5$）。

（二）子代雄性大鼠重要器官组织结构

饲喂子代雄性大鼠 30 d、60 d、90 d 后处死，摘取睾丸、附睾、肾脏和肺制作组织切片。镜检发现 GM 组和 CK 组各器官结构正常，无明显病理改变。

睾丸结构：生精小管被膜为单层扁平上皮，横断面细胞排列紧密而规则，管壁可见不同发育阶段的生精细胞，且生精细胞没有明显的染色质浓缩和断裂；支持细胞呈高柱状，散在分布于各类生精细胞之间，轮廓依稀可辨；生精小管腔中均有精子存在。

附睾结构：附睾管结构完整，管周组织含平滑肌细胞、结缔组织及毛细血管等结构。附睾管管壁外层基膜完整平滑；内层为假复层纤毛上皮，其中主细胞数量最多，细胞游离面微绒毛细长整齐，形成管腔面刷状缘；管腔内精液饱满，有大量精子，显示附睾管结构正常。

肾脏结构：肾组织结构完整，肾小体清晰可见，断面为完整的圆形或卵圆形。毛细血管球位于肾小体中央，结构完好盘曲成簇；毛细血管管壁有肾小囊脏层包裹，其上足细胞细胞核染色清晰；肾小囊腔由脏层和壁层相互移行形成，肾小囊腔明显，无粘连、膨胀；肾小管管腔轮廓清晰，近端小管管腔较小，管壁上皮细胞结构正常，细胞游离面可见刷状缘；远端小管腔面规则，细胞排列紧密，核位于细胞中央或近腔面。

肺结构：肺组织结构完整，导气部结构清楚，细支气管界限清晰，管腔清楚无异物；换气部结构完整，呼吸性细支气管、肺泡管清晰通畅，无肺泡结构紊乱、肺泡上皮细胞降解、脱落等病理变化现象。

相关结构见图 3-5 至图 3-8。

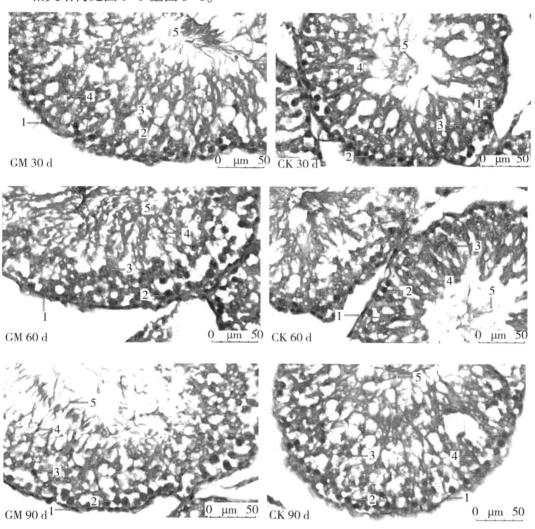

1—上皮细胞；2—精原细胞；3—初级精母细胞；4—支持细胞；5—精子。

图 3-5　不同时期的睾丸组织学分析 （×400）

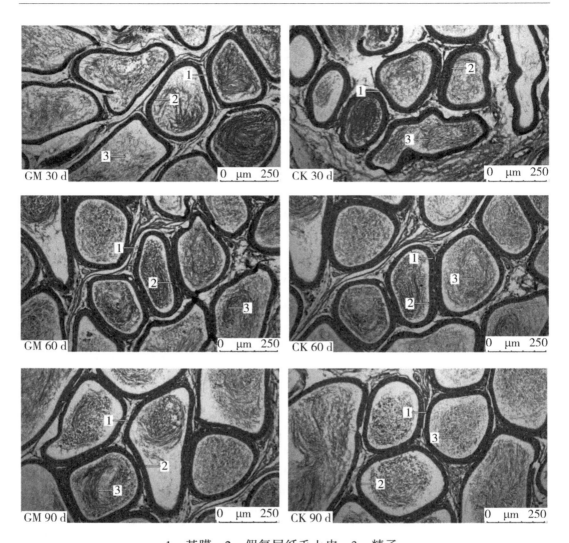

1—基膜；2—假复层纤毛上皮；3—精子。

图 3-6　不同时期的附睾组织学分析（×100）

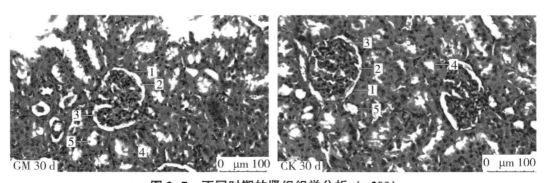

图 3-7　不同时期的肾组织学分析（×200）

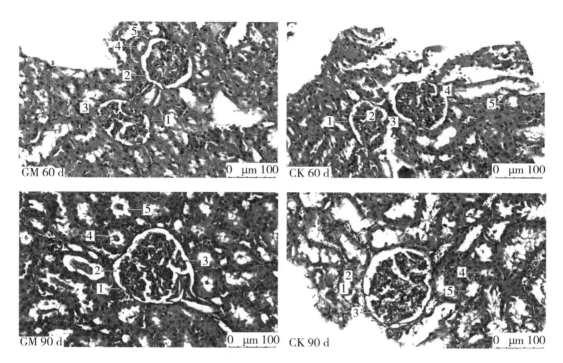

1—肾小囊壁层；2—肾小囊腔；3—足细胞；4—近端小管；5—远端小管。

图3-7 不同时期的肾组织学分析 （×200） （续）

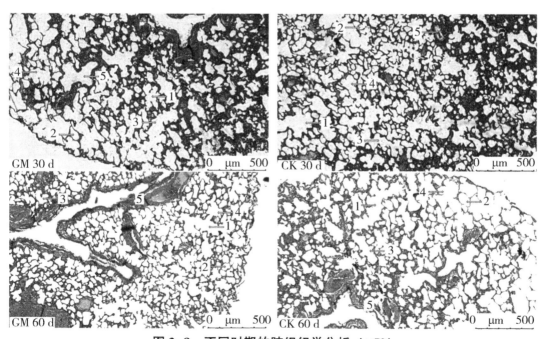

图3-8 不同时期的肺组织学分析 （×50）

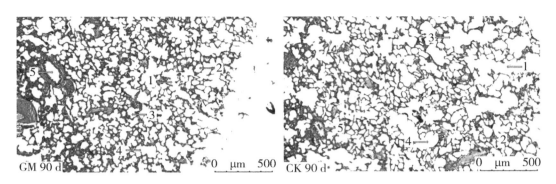

1—肺泡管；2—肺泡；3—呼吸性细支气管；4—肺泡囊；5—细支气管。

图 3-8　不同时期的肺组织学分析（×50）（续）

（三）睾酮分泌必需蛋白基因转录和蛋白表达

采用相对定量法（$2^{-\Delta\Delta CT}$）分析荧光定量 PCR 数据，结果显示，与 CK 组相比大鼠 *GLUT*8、*StAR*、*LHR* 基因转录水平未发生显著差异（$P>0.05$）；为进一步确定必需蛋白的积累量，对蛋白进行了酶联免疫分析。根据标准品系列数据，用 GEN5CHS 2.01 软件，获得线性回归方程，利用曲线方程计算样品中蛋白的含量，显示相同处理 GM 组和 CK 组 3 种蛋白均无显著差异（$P>0.05$），结果与转录水平结果一致，表明饲料中转基因大豆成分对子代大鼠睾丸 3 种蛋白基因转录水平和蛋白表达无明显影响（图 3-9）。

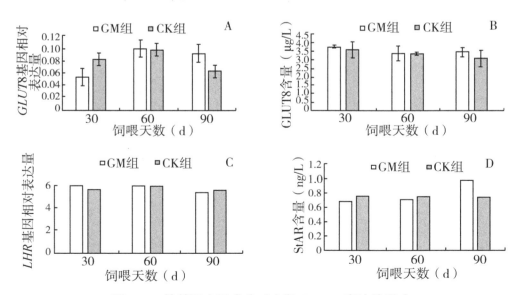

图 3-9　转基因大豆成分对大鼠 *GLUT*8 表达的影响

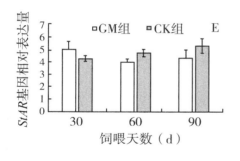 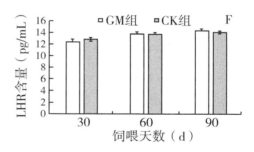

图 3-9　转基因大豆成分对大鼠 GLUT8 表达的影响（续）

A—GLUT8 转录水平；B—GLUT8 蛋白水平；C—LHR 转录水平；D—LHR 蛋白水平；E—StAR 转录水平；F—StAR 蛋白水平。

三、小　结

动物脏器的重量以及相关系数变化能够体现出饲料成分对脏器的影响，反映动物的真实状态，从而证明病理组织学改变的可能性。研究在标准化饲养条件下，解剖可见 2 组大鼠主要器官形态、颜色正常，器官间比例协调、大小适中。试验大鼠脏器系数均随动物年龄的增长而降低，说明试验期间动物体重增长幅度超过单一脏器的增长幅度，符合动物生长发育规律（王尧 等，2010）。3 个处理中 9 种（睾丸、附睾、脑、心、肺、肝、脾、肾、肾上腺）器官脏器系数的 27 组数据中，仅 60 d 处理的附睾和肺脏器系数差异显著（$P < 0.05$），但未发现大鼠肺、附睾的增生、水肿、充血或萎缩等退行性改变，且试验所测脏器系数数值，均处于 SD 雄性大鼠脏器系数正常参考值（95% CI）范围内（董延生 等，2012）。差异显著可能由动物个体差异或中空管腔样器官材料处理偏差造成，无生物学意义，差异的形成与是否食用转基因大豆无关。

器官结构是其生理功能正常发挥的物质基础，本研究选择睾丸、附睾、肾、肺四种器官制作组织切片，镜检显示各器官结构完整，细胞形态、分布正常，未出现明显病理改变。表明多代喂食转基因大豆不会对子代雄鼠主要器官造成明显病理损伤。

睾丸作为精子发生和雄性激素分泌的场所，是雄性哺乳动物最重要的生殖器官，饲料成分对睾丸结构和功能的影响是转基因生物安全评价的重要内容。在前人研究基础上，课题组针对雄性动物的主要性激素性睾酮合成过程限速因素进行研究，从睾酮合成能量供应、调节因子和原料转运三个维度探讨转基因大豆对雄鼠睾酮合成的影响，对试验条件下 GLUT8、LHR、StAR 基因的表达情况进行测定，发现试验组与对照组之间各处理时间组间均无显著性差异，且转录水平和蛋白水平结果一致。表明转基因大豆对雄性大鼠主要性激素睾酮合成无明显影响。

第三节　转基因大豆对试验大鼠致突变研究

哺乳动物生殖过程中，精子的形成和胚胎的发育对外界刺激极为敏感，易受化学、环境因素的影响而发生畸变，而且这些潜在的生殖毒性对生物个体和种群的影响是长期的。本节主要以 SD 大鼠为动物模型，评估喂食转 CP4-EPSPS 基因大豆对大鼠生殖过程致畸性的影响，进而探讨转 CP4-EPSPS 基因大豆的潜在生殖毒性作用。

一、主要材料与方法

（一）饲料配置与试验动物分组

1. 转 CP4-EPSPS 基因大豆和亲本大豆

转 CP4-EPSPS 基因大豆为孟山都远东公司的 GTS40-3-2 大豆，非转基因大豆为其亲本 Soy-bean A5403 大豆。转基因成分经由农业农村部农作物生态环境安全监督检验测试中心（太原）验证确认。

2. 饲　料

试验所需饲料分为含转基因大豆成分饲料和含对照大豆成分饲料两种，饲料以玉米、白面、鱼粉、麸皮、石粉、酵母和大豆为主要原料，并添加多种维生素和微量元素，根据常规大鼠饲料配比要求，大豆添加量占饲料质量分数的 20%。饲料间除大豆分别为转 CP4-EPSPS 基因大豆和 Soy-bean A5403 大豆外，其他成分的来源和添加量一致。饲料委托山西医科大学实验动物中心加工，营养成分符合《试验动物配合饲料营养成分》（GB 14924.3—2010）要求。

3. 试验动物

试验所用大鼠均在山西农业大学动物房喂养，饲喂环境安静，室温（24±2）℃，相对湿度 45%～70%，试验期间动物可以自由的采食、饮水和活动。健康30 d 龄 SD 大鼠购自山西医科大学实验动物中心［生产许可证号：SCXK（晋）2015001］，常规饲料喂食一周适应环境后，随机分成两组，设喂食含转基因大豆饲料大鼠为试验组（GM 组），喂食含非转基因大豆饲料大鼠为对照组（CK 组）。

（二）方　法

1. 精子畸变试验

取 70 d 龄体重相近的雄性大鼠共 15 只，其中 CK 组 10 只，平均分为两组，设为阳性对照组和正常对照组，GM 组 5 只设为试验组。阳性对照组大鼠腹腔注射丝裂霉素 C（MMC）1.1 mg/（kg·d）连续处理 5 d（傅剑云 等，1998），正常对照组和试验组不做任何处理。处理期间和处理后各组仍按试验设计分组进行饲喂。喂食 42 d 后颈椎脱臼法处死大鼠，剪开腹腔，分离并摘取双侧附睾置于生理盐水中，用剪刀剪碎，用吸管轻轻吹打悬浮液 5～6 次后静置 3～5 min，用四层擦镜纸过滤组织碎片，取滤液滴于洁净载玻片上，均匀推片。晾干后用甲醇固定 5 min，伊红染色 1 h，用水轻轻冲洗，干燥后进行镜检。在高倍镜下观察 500 个精子的形态，计算精子畸变率。精子畸变率＝畸变精子数/总检测精子数×100%。

2. 显性致死试验

在 CK 组、GM 组内选取 70 d 龄体重相当的大鼠，每组选取雌性 15 只，雄性 5 只，组内按雌雄比 3：1 交配，下午 6 点同笼，次日早晨 8 点雌雄分笼，随即冲洗雌鼠阴道制作涂片检查精子，以查到精子为受孕 0 d，受孕 21 d 剖腹取出即将分娩孕鼠的子宫，辨认子宫内的活胎、死胎、吸收胎数。

3. 胚胎生长发育情况

每组随机选取显性致死试验雌性孕鼠 3 只处死，解剖取出子宫胚胎清洗干净，将胎仔按子宫内位置顺序编号，称量胎仔体重，测量体长、尾长、前肢长。编号单数的胎仔放入 80% 的乙醇溶液中固定 5 d，用 1% 的氢氧化钾溶液浸泡 5 d，至肌肉透明可见骨骼，然后用茜素红染色 3 d 至骨骼染成紫色，置于透明液中 2 d，做骨骼畸形检查。编号双数的胎仔放入鲍音（Bouin）氏液中固定 10 d 后，取出标本用自来水洗去固定液，用单面刀片沿口经耳做水平切面查口腔；将切下的颅顶部，沿眼球前缘垂直作冠状切面查鼻道；然后沿着眼球正中垂直作第二冠状切面，检查眼球、脑室；沿眼球后缘垂直作第三冠状切面，检查脑、脑室。之后沿胸、腹壁中线和肋下缘水平线作"十"字切口，暴露胸腔、腹腔及盆腔内的器官，做内脏畸形检查。

二、结　果

试验期间，各组试验动物活动正常，生长发育良好，被毛浓密有光泽，未见外观体征、行为活动和饮食方面异常，也未发生死亡现象。

（一）转 CP4-EPSPS 基因大豆对大鼠精子畸变的影响

试验组、对照组和阳性对照组在喂食 42 d 后取附睾精子进行试验，发现三组均有畸变精子，如图 3-10 为正常精子及异常精子照片，异常精子表现为胖头、双头及无头等。

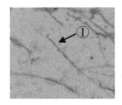 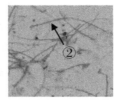 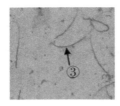 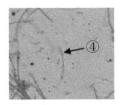

①—正常精子；②—胖头精子；③—双头精子；④—无头精子。

图 3-10　大鼠精子畸变涂片（40×）

将精子镜检结果进行统计分析后发现，试验组、正常对照组与阳性对照组精子畸变率相比，具有极显著性差异（$P<0.01$），说明阳性对照显著，试验成立。试验组和正常对照组相比，采用 t 检验 P 值为 0.147（$P>0.05$），无统计学意义（表 3-7）。

表 3-7　转基因大豆对大鼠精子畸形的影响

处理	动物数 （只）	受检精子总数 （个）	畸变精子总数 （个）	畸变率（%）
CK 对照	5	2 500	35	1.4±0.31 aA
GM 组	5	2 500	50	2.0±0.45 aA
阳性对照	5	2 500	135	5.4±0.5 bB

注：同列数据后不同小写字母、大写字母分别表示处理间差异显著（$P<0.05$）、差异极显著（$P<0.01$）。

（二）显性致死试验

剖腹取出即将分娩母鼠的子宫，辨认子宫内的活胎、死胎、吸收胎数。检查发现活胎胎仔完整成形，肉红色，能自然运动，对机械刺激有运动反应；胎盘较大呈红色，发育正常。晚死胎胎仔完整成形，灰红色，无自然运动，对机械刺激无反应；胎盘灰红色，较小。吸收胎呈暗紫或浅色点块，不能辨认胚胎和胎盘。对各受孕组统计分析表明：GM 组和 CK 组平均着床数、胚胎死亡率无显著差异（表 3-8）。

表 3-8　转基因大豆对大鼠显性致死试验的影响

处理	动物数 （只）	总着床数 （个）	平均着床数 （个）	胚胎死亡率 （%）
CK 组	15	191	12.73±1.90 a	6.93±7.43 a
GM 组	15	195	13.00±1.69 a	6.91±6.59 a

注：同列数据后相同小写字母表示处理间差异不显著（$P>0.05$）。

（三）致畸试验

解剖母鼠子宫逐一详细察看，行胎仔外部检查，发现全部胎仔外观检查正常无畸形。测量活胎体重、体长、尾长和前肢长（图3-11），各组按胎仔性别归类，经统计学分析，两组间雄性胎仔、雌性胎仔各指标 t 检验 P 值全部大于 0.05，表明两组间同性胎仔生长发育无显著差异。

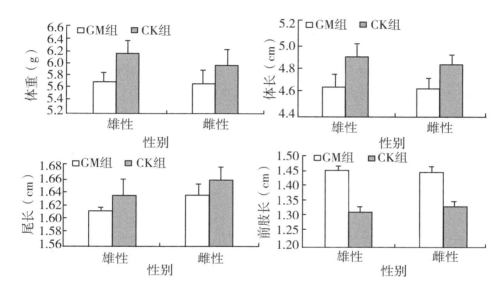

图3-11　喂食转基因大豆对孕鼠胎仔的影响

用放大镜检查处理好的胎仔骨骼透明标本，可见试验组、对照组均有少数胸骨、颅骨发育不全，肋骨、椎骨、四肢骨数量正常，各骨形态、大小未见异常。

经内脏检查，发现活胎仔口腔无腭裂、舌缺或分叉；鼻道无扩大、单鼻道等畸形；眼球形态正常成双；无脑水肿积水，无脑室扩大；胸腔、腹腔内心脏和呼吸、消化、泌尿、生殖等主要器官数目、形态、位置无异常，大小匀称无异常。内脏检查无畸形。

三、小　结

精子畸变试验通过观察精子形态的变化检测受试物对试验动物精子形成过程的影响，在可引起生殖细胞遗传性损伤的因素作用下，动物睾丸产生的畸形精子数会大量增加，雄性动物接触受试物后精子畸变率的改变，可反映该受试物的生殖毒性和对生殖细胞的致突变性。试验结果发现试验组精子畸变率2%，处于大鼠的精子正常畸变范围 0.8%～3.4%（王岳飞，2004），与对照组相比亦无明显差异，表明喂食含转 *CP4-EPSPS* 基因大豆饲料不会影响试验大鼠的精子畸形率。

　　显性致死试验是通过观察大鼠胚胎死亡情况检测受试物诱发哺乳动物生殖细胞染色体畸变的试验方法，反映受试物对哺乳动物生殖细胞的致突变性。试验结果显示实验组与对照组的平均着床数和胚胎死亡率均无显著差异，表明 *CP4-EPSPS* 基因大豆未导致实验大鼠染色体结构异常或染色体数目变化。

　　致畸试验是应用试验动物鉴定外来受试物致畸性的试验，母体在孕期如受到可通过胎盘屏障的有害物质作用，就会影响胚胎的正常发育与器官分化，导致胚胎结构和机能的缺陷表现出畸胎，从而检测受试物导致胚胎结构畸形及生长迟缓等毒性作用。试验未发现转基因大豆对胎鼠的形成、发育、外观、骨骼及内脏等有致畸作用。与转 *Bt* 基因稻谷的饲喂研究结果相同（张珍誉 等，2011）。

　　本研究结果表明，喂食转 *CP4-EPSPS* 基因大豆饲料对雄性大鼠精子畸变、孕鼠胚胎致死、胎仔畸变效应无明显影响，说明转 *CP4-EPSPS* 基因大豆对大鼠无明显生殖毒性。

第四章　转基因大豆分子特征分析

转基因农作物外源基因的表达，需要建立合适的高效表达载体，在遗传转化之前要进行大量的表达载体构建和多轮优化，进而选育出满足农业生产要求的农艺性状或者经济性状。而外源基因在受体基因组整合过程中可能导致受体植物基因组内固有基因的突变、断裂、激活或沉默，进而改变已有代谢物水平，形成新的代谢物和新的蛋白质，产生非预期效应，影响其质量和安全性。为此，转基因作物的分子特征（包括外源基因插入位点及旁侧序列、外源基因的序列及结构、拷贝数等信息）信息是转基因作物安全评价的首要组成部分，是转基因作物身份鉴定的前提，也是后续试验研究和商业化应用推广的基础。

本章主要对北京大北农科技集团股份有限公司研发的转基因耐除草剂大豆 S4003.12 特异的分子特征信息进行验证分析。转化体 S4003.12 大豆转入的基因是 5-烯醇式丙酮酰莽草酸-3-磷酸合酶（*epsps*）和草铵膦乙酰转移酶（*pat*）基因，目的基因 *epsps* 来源于根癌农杆菌（*Agrobacterium tumefaciens*），能够产生对除草剂草甘膦的抗性。*pat* 基因来源于吸水链霉菌（*Streptomyces hygroscopicus*），能够产生对除草剂耐草铵膦的抗性。上述两种目的基因均具有长期的安全应用历史。转化体 S4003.12 大豆 T-DNA 结构见图 4-1。

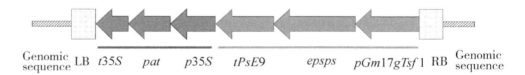

Genomic sequence　LB　*t35S*　*pat*　*p35S*　*tPsE9*　*epsps*　*pGm17gTsf* 1　RB　Genomic sequence

图 4-1　S4003.12 中 T-DNA 结构示意

第一节　插入位点及旁侧序列分析

外源基因在受体基因组整合过程中可能引起受体植物基因组的改变，产生非预期效应从而影响安全性。因此，完整的转基因植物分子表征直接影响着转基因安全监管的效果，对转基因植物的开发者、风险评估者和监管者都至关重要。

根据转基因检测特异性的不同，PCR 检测可分为四种：核酸成分筛查法、基因特异性方法、载体特异性检测和转化事件特异性检测方法（Made et al.，2006）。其中，转化事件特异性检测技术是以转化载体 T-DNA 整合位点与受体植物部分基因组序列的连接区为靶标序列进行扩增，具有高度特异性，可准确识别不同的转基因作物品种（Wu et al.，2008；郭娜娜 等，2011；申爱娟 等，2014）。因此，新型转化体外源基因插入位点和其旁侧序列的分析对转化体鉴定具有重要意义。

一、主要材料与方法

（一）大豆材料

转 *epsps* 和 *pat* 基因大豆 S4003.12、转基因大豆 S4003.12 亲本对照——非转基因大豆 Jack。

本研究主要材料由农业农村部科技发展中心提供。

（二）引　物

引物信息见表4-1。

表4-1　引物信息

引物组合	引物名称	引物序列（5′-3′）	扩增产物长度（bp）	用途	来源
LB	pLB-Ⅰ	CCAAACGTACTTT-GATTAGCGAAGATG	405	旁侧序列验证	研发者提供
	pLB-Ⅱ	AGGGAATTAGGGTTC-TTATAGGGTTTCGCTC			
RB	pRB-Ⅰ	GAAGTAATGCGAC-GAGGGTTAGAGG	432	旁侧序列验证	研发者提供
	pRB-Ⅱ	CTATAACATGGCAA-TCCAACTGGGAG			

（三）方　法

1. DNA 提取

将转基因和非转基因对照大豆种子分别播种于温室中。取苗期的叶片进行基因组 DNA 抽提（方法参照农业部 1485 号公告-4-2010），用于后续试验。

2. PCR 扩增

在试样 PCR 扩增的同时，设置阴性对照和空白对照：以非转基因大豆 Jack 基因组 DNA 作为阴性对照；以无菌水作为空白对照。反应程序为：94 ℃变性 5 min；94 ℃变性 30 s，58 ℃退火 30 s，72 ℃延伸 30 s，共进行 35 次循环；72 ℃延伸

5 min。

PCR 检测反应体系见表4-2。

表4-2　PCR 检测反应体系

试剂	终浓度	体积（μL）
水		—
10×PCR 缓冲液	1×	2.5
25 mmol/L 氯化镁溶液	1.5 mmol/L	1.5
dNTPs 混合溶液（各 2.5 mmol/L）	各 0.2 mmol/L	2.0
10 μmol/L MON87427-F	0.4 μmol/L	1
10 μmol/L MON87427-R	0.4 μmol/L	1
Taq DNA 聚合酶	0.05 U/μL	—
25 mg/L DNA 模板	2 mg/L	2.0
总体积		25.0

注："—"表示体积不确定，如果 PCR 缓冲液中含有氯化镁，则不加氯化镁溶液，根据 *Taq* DNA 聚合酶的浓度确定其体积，并相应调整水的体积，使反应体系总体积达到 25.0 μL。

3. 电泳检测

按 20 g/L 的质量浓度称量琼脂糖，加入 1× TAE 缓冲液中，加热溶解，配制成琼脂糖溶液。每 100 mL 琼脂糖溶液中加入 5 μL EB 溶液，混匀，稍适冷却后，将其倒入电泳板上，插上梳板，室温下凝固成凝胶后，放入 1× TAE 缓冲液中，垂直向上轻轻拔去梳板。取 12 μL PCR 产物与 3 μL 加样缓冲液混合后加入凝胶点样孔，同时在其中一个点样孔中加入 DNA 分子量标准，接通电源在 2～5 V/cm 条件下电泳检测。电泳结束后，取出琼脂糖凝胶，置于凝胶成像仪上或紫外透射仪上成像。根据 DNA 分子量标准估计扩增条带的大小，将电泳结果形成电子文件存档或用照相系统拍照。

4. 测序分析

按 PCR 产物回收试剂盒说明书，回收 PCR 扩增的 DNA 片段。将回收的 PCR 产物克隆测序，与转基因大豆 S4003.12 转化体特异性序列进行比对，确定 PCR 扩增的 DNA 片段是否为目的 DNA 片段。

二、结 果

（一）插入位点特异序列的验证

对 30 株 S4003.12 植株分别提取叶片基因组 DNA。参照研发者提供的资料，对外源 T-DNA 插入位点左右边界进行检测。阴性对照为非转基因植株 Jack 的基因组 DNA，空白对照以双蒸水代替 DNA。结果显示均为阳性（LB 端见图 4-2A，PCR 产物约 405 bp；RB 端见图 4-2B，PCR 产物约 432 bp），且 PCR 产物大小与预期一致。

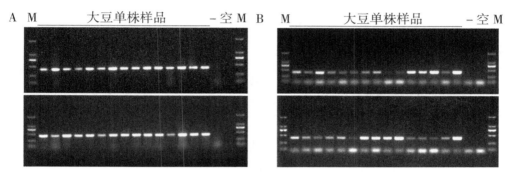

图 4-2 30 株单株 T-DNA 边界特异性序列验证

注：A 图为左边界 PCR 检测结果，B 图为右边界 PCR 检测结果。"M"泳道为 DNA 标准分子量 DL 2000，从上至下依次为 2 000 bp、1 000 bp、750 bp、500 bp、250 bp 和 100 bp；"−"泳道为非转基因大豆自交系 Jack；"空"泳道为空白对照。

将 LB 和 RB 端的 PCR 产物克隆测序，并与研发者提供的序列进行比对，如图 4-3 所示，二者结果一致，表明 PCR 扩增的 DNA 片段是目的 DNA 片段。

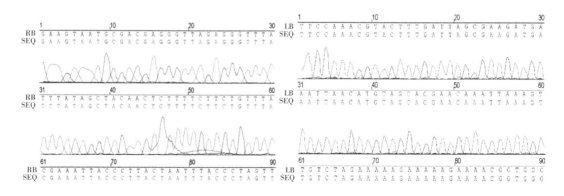

图 4-3 测序结果图谱

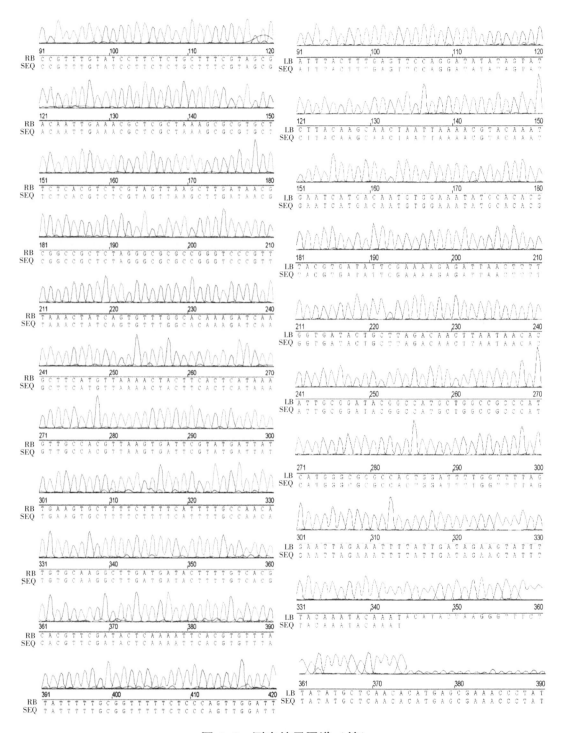

图 4-3　测序结果图谱（续）

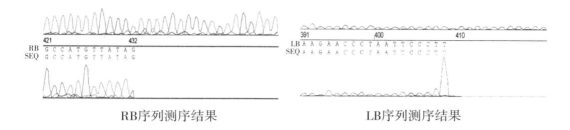

RB序列测序结果   LB序列测序结果

图4-3 测序结果图谱（续）

（二）T-DNA 插入位点分析

使用表4-1中引物pLB-I和pRB-II对转基因大豆S4003.12亲本对照——非转基因大豆Jack进行PCR检测，并对PCR产物进行序列分析，以判定该转基因大豆T-DNA插入位点。结果显示，获得了与预期大小一致的条带（图4-4，约500 bp）。

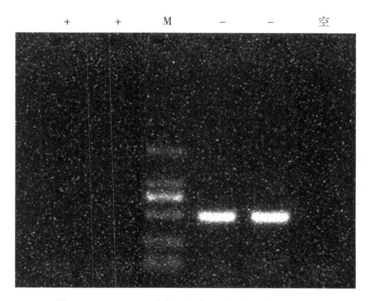

图4-4 T-DNA 插入位点原始序列检测结果

注："+"泳道为2株转基因亲本植株样品；"-"泳道为2株非转基因亲本植株样品；"M"泳道为DNA标准分子量DL2000，从上至下依次为2 000 bp、1 000 bp、750 bp、500 bp、250 bp和100 bp；"空"泳道为空白对照。

对该500 bp片段进行测序，并比对大豆基因组。结果发现，该片段全长497 bp，与大豆2号染色体6 924 827～6 925 323区间的序列完全一致，经分析后，外源基因插入位点在 6 924 827 bp 处。进一步分析转基因样品 S4003.12 的 T-DNA 旁侧序列发现，在该转化体转化过程中，T-DNA 插入位点出现了约 69 bp 的缺失（图 4-5 中框外序列）。

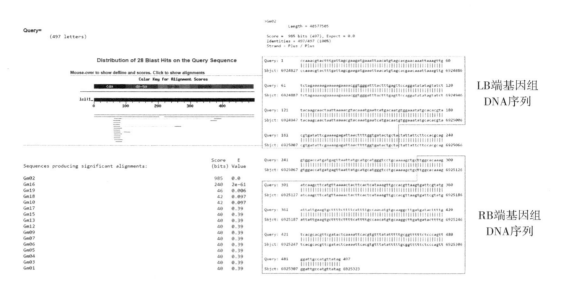

图 4-5　T-DNA 插入位点原始序列分析

三、小　结

清晰准确的旁侧序列信息有助于对外源基因表达机理的解释，也可用于外源基因在受体基因组中所产生影响的解析，从而有利于对转基因事件的安全性做出充分评估（刘蓓，2012）。由于外源基因在植物基因组上的插入位点是随机且难以复制的，外源基因不同的插入位点和旁侧序列就成为其特异性标识。因此外源基因插入位点和旁侧序列的测定对于转基因农作物的身份验证具有重要意义，可为不同转基因品系的区分和监管提供依据（闫建俊 等，2020）。

试验对温室播种研发者提供的材料获得子代大豆，随机抽取 30 个单株进行转化体特异性检测，产物大小符合预期，转化体阳性率为 100%。通过对其特异性序列进行测定和分析，证明其 T-DNA 插入位点的旁侧保留序列与数据库中大豆 2 号染色体 6 924 827～6 925 323 区间的序列相似度为 100%。外源基因插入位点在 6 924 827 bp 处，另外，在 T-DNA 整合过程中，基因组该区间出现了约 69 bp 的缺失。

第二节 插入序列及结构分析

一、主要材料与方法

（一）大豆材料

转 *epsps* 和 *pat* 基因大豆 S4003.12、转基因大豆 S4003.12 亲本对照——非转基因大豆 Jack、转基因大豆常见外源元件阳性对照 GST40-3-2。

本研究主要材料由农业农村部科技发展中心提供。

（二）引 物

引物信息见表 4-3。

表 4-3 引物信息

引物组合	引物名称	引物序列（5'-3'）	预计长度（bp）	用途
A	277F29	TCTCACTTAATTCA-AATATGATTGCCTCT	1 267	T-DNA 序列验证
	1543R25	GGCCTAGGATCC-ACATTGTACACAC		
B	840F29	GCGAAGATGAAATT-AACATGTAGCACGAA	1 151	T-DNA 序列验证
	1990R21	CACGTCTTCAA-AGCAAGTGGA		
C	1438F25	CTGTGTATCCCAA-AGCCTCATGCAA	1 264	T-DNA 序列验证
	2701R24	AAATCGTGGCC-TCTAATGACCGAA		
D	2222F26	GAAAAGTCTCAAT-TGCCCTTTGGTCT	1 271	T-DNA 序列验证
	3492R23	ACCGTGCTCCT-TCTATGATCGAC		
E	2601F29	TTCAGTAACATTTG-CAGCTTTTCTAGGTC	1 221	T-DNA 序列验证
	3821R22	TTTGGTGCTAA-CCTTACCGTTG		

（续表）

引物组合	引物名称	引物序列（5′-3′）	预计长度（bp）	用途
F	3395F24	AAAGACGGTCGC-TTTCCTTAACAC	1 250	T-DNA序列验证
	4644R25	TGTGCAGAACCC-ATCTCTTATCTCC		
G	4139F26	CAACAAGACCCAT-AGTCAAACGGCAA	1 221	T-DNA序列验证
	5359R26	CGTCGTTGTCTTC-AATTTTATCCATG		
H	4379F27	AGATAGACTTGTCA-CCTGGAATACGGA	1 271	T-DNA序列验证
	5649R24	TTTCAATTGTCG-CTACGAAAGCAG		
I	5042F29	TTGAGCTTGAACCG-ATTAAAAGTAACAGA	1 240	T-DNA序列验证
	6281R25	GTGACCCAAGCT-ATCCCTAACCGAA		
Lectin	Lec-1672F	GGGTGAGGATA-GGGTTCTCTG	210	常见外源基因检测
	Lec-1881R	GCGATCGAGT-AGTGAGAGTCG		
CaMV-35S	35S-F1	GCTCCTACAAATG-CCATCATTGC	195	常见外源基因检测
	35S-R1	GATAGTGGGATT-GTGCGTCATCCC		
NOS	NOS-F1	GAATCCTGTT-GCCGGTCTTG	180	常见外源基因检测
	NOS-R1	TTATCCTAG-TTTGCGCGCTA		
Cp4-epsps	mCP4ES-F	ACGGTGATCGT-CTTCCAGTTAC	333	常见外源基因检测
	mCP4ES-R	GAACAAGCAAG-GCAGCAACCA		
35S-CTP4	SC-F1	TGATGTGATAT-CTCCACTGACG	172	常见外源基因检测
	SC-R1	TGTATCCCTTG-AGCCATGTTGT		

（三）方　法

同本章第一节方法。

二、结　果

（一）转基因大豆常见 DNA 元件的定性检测

对 S4003.12 中常见大豆元件进行定性检测，结果如图 4-6 所示，试样转基因大豆 S4003.12 中检出大豆内标基因 *Lectin*，以及常见外源元件 *CaMV35S* 启动子和 *Cp*4-*epsps* 基因，未检出 *NOS* 终止子和 35*S*-*CTP*4 基因。

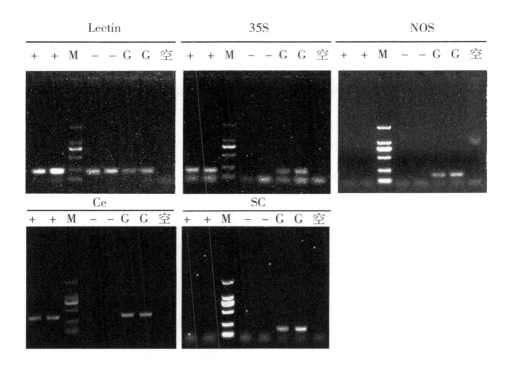

图 4-6　部分常见 DNA 元件 PCR 检测

注："+"泳道模板为 S4003.12 样品的两个重复；"M"泳道为 DNA 标准分子量 DL2000，从上至下依次为 2 000 bp、1 000 bp、750 bp、500 bp、250 bp 和 100 bp；"-"泳道模板为非转基因大豆自交系 Jack；"G"泳道模板为阳性对照 GST40-3-2；"空"泳道模板为 ddH$_2$O。

（二）T-DNA 及其部分旁侧序列的验证

将 T-DNA 分成若干片段，设计引物分别进行 PCR 扩增（见图 4-7 和表 4-3 中引物组合 A~I），并对扩增产物进行克隆测序。

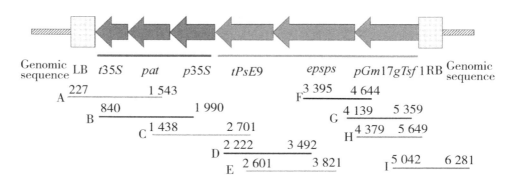

图 4-7　T-DNA 及其旁侧序列分段扩增（A-I）示意

结果显示，各引物组合均获得正确的 PCR 产物（图 4-8）。将相应的扩增产物分别进行克隆测序，然后与研发者提供的序列比对。结果显示，T-DNA 只有 1 个碱基的差异（但该差异导致 pat 基因编码蛋白的第 139 位丙氨酸变成苏氨酸），序列基本一致（图 4-9）。

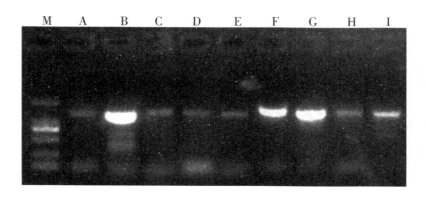

图 4-8　不同引物组合对 T-DNA 的 PCR 反应结果

注："A~I" 泳道为 9 对引物组合；"M" 泳道为 DNA 标准分子量 DL2000，从上至下依次为 2 000 bp、1 000 bp、750 bp、500 bp、250 bp 和 100 bp。

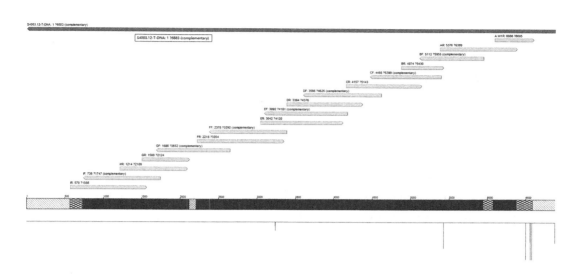

图4-9　T-DNA及其旁侧序列测序结果分析

三、小　结

本节通过对转基因大豆中常见外源基因检测，未发现此前商业化应用的转基因大豆元件 *NOS* 终止子和 35S-CTP4 基因，表明转基因大豆 S4003.12 转化体具有创新性。对 T-DNA 进行分段扩增，并对 PCR 产物进行克隆测序，结果表明该转化体 T-DNA 与资料序列只有 1 个碱基的差异。该差异导致 *pat* 基因编码蛋白的第 139 位丙氨酸变成苏氨酸。研发者提供的 T-DNA 序列完整，各元件排列顺序正确。具体序列（注：基于知识产权保护，此处为模拟序列）如图4-10所示。

1	TCACTTAATT	CAAATATGAT	TGCCTCTAAT	GGAAAAGATT	GTAGTCTAAA
51	AAGAAGACTA	ATACTCATAC	TTATTGTAAT	CAAGTTGGTT	AATTAATATA
101	AATTCTAATT	AAAAAAAAAA	AAACTTTGCC	TTCATTTTGA	TGAGTGATCA
151	AGTATTTCTC	TAAAAGAATA	TCCTTCCCCA	AATATTACAA	ATAATTAATA
201	TTAACAATTA	AGACTAAAAC	TTCTTTGAAA	AAATCCTTTA	AGAATGTGGT
251	AAAATAAGTT	ATTATAATAT	TTAAGAAATA	ATCTATTGTT	TTTACTAACT
301	TATTTAGTAC	ATGTTTAATG	TGTGTTAGT	GTATGTTTGG	TTTAATTTAT
351	TTTTTGGATA	TATAATAATT	TTGTTTTTAC	TAACTTTCAA	GAGAGTTTTT
401	TAAAAAATAA	ATAAGTAACA	GTAACTTTTT	AGAAAGAAAA	ACTCAACATG
451	TGCTTATAAT	ACAATACAAA	CAAACTCATA	CATAATTGAG	TTCACTTAAT
501	CTTAAAATAA	ACTTCATTTA	AAAGTGAAAA	ACAATGTGAA	TAACCAAACG

图4-10　测定的 T-DNA 序列及其旁侧序列

551	TACTTTGATT	AGCGAAGATG	AAATTAACAT	GTAGCACGAA	CAAATTAAAG
601	TTGTCTAGAA	AAAGAAAAAG	AAAACGGTGG	GATTTACTTT	GAGTTCCAGG
651	ATATATAGTA	TCTTACAAGC	AACTAATTAA	AACGTACAAA	TGAATCATGA
701	CAATGTGGAA	ATATGCACAC	GTACGTGATA	TTCGAAAAGA	GATTAACTTT
751	TGGTGATACT	GCTTAGACAA	CTTAATAACA	CATTGCGGAT	ACGGCCATGC
801	TGGCCGCCCA	TCATGGCGC	GCCACTGGAT	TTTGGTTTTA	GGAATTAGAA
851	ATTTTATTGA	TAGAAGTATT	TTACAAATAC	AAATACATAC	TAAGGGTTTC
901	TTATATGCTC	AACACATGAG	CGAAACCCTA	TAAGAACCCT	AATTCCCTTA
951	TCTGGGAACT	ACTCACACAT	TATTATAGAG	AGAGATAGAT	TTGTAGAGAG
1001	AGACTGGTGA	TTTCAGCGGG	CATGCCTGCA	GGTCGACTCA	GATCTGGGTA
1051	ACTGGCCTAA	CTGGCCTTGG	AGGAGCTGGC	AACTCAAAAT	CCCTTTGCCA
1101	AAAACCAACA	TCATGCCATC	CACCATGCTT	GTATCCAGCT	GCGCGCAATG
1151	TACCCCGGGC	TGTGTATCCC	AAAGTCTCAT	GCAACCTAAC	AGATGGATCG
1201	TTTGGAAGGC	CTATAACAGC	AACCACAGAC	TTAAAACCTT	GCGCCTCCAT
1251	AGACTTAAGC	AAATGTGTGT	ACAATGTGGA	TCCTAGGCCC	AACCTTTGAT
1301	GCCTATGTGA	CACGTAAACA	GTACTCTCAA	CTGTCCAATC	GTAAGCGTTC
1351	CTAGCCTTCC	AGGGCCCAGC	GTAAGCAATA	CCAGCCACAA	CACCCTCAAC
1401	CTCAGCAACC	AACCAAGGGT	ATCTATCTTG	CAACCTCTCT	AGATCATCAA
1451	TCCACTCTTG	TGGTGTTTGT	GGCTCTGTCC	TAAAGTTCAC	TGTAGACGTC
1501	TCAATGTAAT	GGTTAACGAT	ATCACAAACC	GCGGCCATAT	CAGCTGCTGT
1551	AGCTGGCCTA	ATCTCAACTG	GTCTCCTCTC	CGGAGACATG	GTGGATCCCC
1601	GGGTACCCTG	TCCTCTCCAA	ATGAAATGAA	CTTCCTTATA	TAGAGGAAGG
1651	GTCTTGCGAA	GGATAGTGGG	ATTGTGCGTC	ATCCCTTACG	TCAGTGGAGA
1701	TATCACATCA	ATCCACTTGC	TTTGAAGACG	TGGTTGGAAC	GTCTTCTTTT
1751	TCCACGATGC	TCCTCGTGGG	TGGGGGTCCA	TCTTTGGGAC	CACTGTCGGC
1801	AGAGGCATCT	TCAACGATGG	CCTTTCCTTT	ATCGCAATGA	TGGCATTTGT
1851	AGGAGCCACC	TTCCTTTTCC	ACTATCTTCA	CAATAAAGTG	ACAGATAGCT
1901	GGGCAATGGA	ATCCGAGGAG	GTTTCCGGAT	ATTACCCTTT	GTTGAAAAGT
1951	CTCAATTGCC	CTTTGGTCTT	CTGAGACTGT	ATCTTTGATA	TTTTTGGAGT
2001	AGACAAGCGT	GTCGTGCTCC	ACCATGTTGA	CGAAGATTTT	CTTCTTGTCA
2051	TTGAGTCGTA	AGAGACTCTG	TATGAACTGT	TCGCCAGTCT	TTACGGCGAG
2101	TTCTGTTAGG	TCCTCTATTT	GAATCTTTGA	CTCCATGGCC	ACTGCAGGTC
2151	ACGATCGATG	CGGCCGCTTC	GAGTGGCTGC	AGGTCGATTG	ATGCATGTTG
2201	TCAATCAATT	GGCAAGTCAT	AAAATGCATT	AAAAAATATT	TTCATACTCA
2251	ACTACAAATC	CATGAGTATA	ACTATAATTA	TAAAGCAATG	ATTAGAATCT
2301	GACAAGGATT	CTGGAAAATT	ACATAAAGGA	AAGTTCATAA	ATGTCTAAAA
2351	CACAAGAGGA	CATACTTGTA	TTCAGTAACA	TTTGCAGCTT	TTCTAGGTCT
2401	GAAAATATAT	TTGTTGCCTA	GTGAATAAGC	ATAATGGTAC	AACTACAAGT

图 4-10 测定的 T-DNA 序列及其旁侧序列（续）

74

```
2451  GTTTTACTCC  TCATATTAAC  TTCGGTCATT  AGAGGCCACG  ATTTGACACA
2501  TTTTTACTCA  AAACAAAATG  TTTGCATATC  TCTTATAATT  TCAAATTCAA
2551  CACACAACAA  ATAAGAGAAA  AAACAAATAA  TATTAATTTG  AGAATGAACA
2601  AAAGGACCAT  ATCATTCATT  AACTCTTCTC  CATCCATTTC  CATTTCACAG
2651  TTCGATAGCG  AAAACCGAAT  AAAAAACACA  GTAAATTACA  AGCACAACAA
2701  ATGGTACAAG  AAAAACAGTT  TTCCCAATGC  CATAATACTC  AAACTCAGTA
2751  GGATTCTGGT  GTGTGCGCAA  TGAAACTGAT  GCATTGAACT  TGACGAACGT
2801  TGTCGAAACC  GATGATACGA  ACGAAAGCTC  TAGCTAGAGG  ATCCGGTACC
2851  GAGCTCGAAT  TCTTGAGCTC  ATCAAGCAGC  CTTAGTGTCG  GAGAGTTCGA
2901  TCTTAGCTCC  AAGACCAGCC  ATCAAATCCA  TGAACTCTGG  GAAGCTAGTA
2951  GCGATCATAG  TAGCATCATC  AACAGTAACA  GGGTTTTCAG  AAACGAGACC
3001  CATAACGAGG  AAGCTCATAG  CGATACGGTG  ATCGAGGTGG  GTAGCGACAG
3051  CTGCTCCAGA  AGCGTTACCG  AGACCCTTAC  CGTCAGGACG  ACCACGCACG
3101  ACGAGAGAAG  TCTCACCTTC  ATCGCAATCA  ACACCGTTGA  GCTTGAGACC
3151  GTTTGCGACA  GCAGAAAGAC  GGTCGCTTTC  CTTAACACGG  AGTTCTTCCA
3201  AACCGTTCAT  AACGGTAGCA  CCTTCAGCGA  ATGCAGCTGC  AACAGCGAGA
3251  ATTGGATACT  CGTCGATCAT  AGAAGGAGCA  CGGTCTTCTG  GAACAGTAAC
3301  ACCCTTCAAA  GTAGAAGAAC  GAACACGCAA  GTCAGCCACG  TCTTCTCCAC
3351  CAGCAAGACG  TGGGTTGATC  ACTTCGATGT  CGGCACCCAT  TTCCTGCAGA
3401  GTCAAGATGA  GACCAGTACG  GGTTGGGTTC  ATCAAAACGT  TAAGGATGGT
3451  GACGTCGGAA  CCTGGAACAA  GCAAGGCAGC  AACCAATGGG  AAAGCAGTAG
3501  AGGATGGATC  ACCTGGAACA  TCAATCACTT  GACCGGTGAG  CTTACCACGA
3551  CCTTCAAGAC  GGATGGTACG  CACACCGTCA  GCATCAGTCT  CAACGGTAAG
3601  GTTAGCACCA  AAACCTTGAA  GCATCTTTTC  AGTGTGGTCA  CGAGTCATGA
3651  TTGGCTCGAT  AACAGTGGTG  ATACCTGGGG  TGTTGAGACC  AGCAAGCAGA
3701  ACAGCGGACT  TCACTTGAGC  GGAAGCCATA  GGTACCCTGT  AGGTGATTGG
3751  CGTTGGAGTC  TTTGGTCCAC  GCAAGGTAAC  TGGAAGACGA  TCACCGTCTT
3801  CAGACTTCAC  CTGCACACCC  ATTTCGCGAA  GTGGGTTCAA  CACACGACCC
3851  ATTGGACGCT  TAGTGAGAGA  AGCGTCACCA  ATGAAAGTGC  TATCGAAATC
3901  GTAAACACCA  ACAAGACCCA  TAGTCAAACG  GCAACCAGTT  GCAGCGTTAC
3951  CGAAATCGAG  AGGAGCCTCA  GGAGCAAGGA  GTCCACCGTT  ACCAACACCA
4001  TCAATGATCC  AAGTATCACC  TTCCTTACGG  ATTCTGGCAC  CCATAGCTTG
4051  CATAGCCTTA  CCAGTGTTGA  TAACATCTTC  ACCTTCCAAA  AGACCGGTGA
4101  TACGAGTTTC  ACCGCTAGCG  AGACCTCCAA  ACATGAAGGA  CCTGTGGGAG
4151  ATAGACTTGT  CACCTGGAAT  ACGGACGGTT  CCAGAAAGAC  CAGAGGACTT
4201  ACGAGCAGTT  GCTGGACGGC  TGCTTGCACC  GTGAAGCATG  CACGCCGTGG
4251  AAACAGAAGA  CATGACCTTA  AGAGGACGAA  GCTCAGAGCC  AATTAACGTC
4301  ATCCCACTCT  TCTTCAATCC  CCACGACGAC  GAAATCGGAT  AAGCTCGTGG
```

图 4-10 测定的 T-DNA 序列及其旁侧序列（续）

75

4351	ATGCTGCTGC	GTCTTCAGAG	AAACCGATAA	GGGAGATTTG	CGTTGACTGG
4401	ATTTCGAGAG	ATTGGAGATA	AGAGATGGGT	TCTGCACACC	ATTGCAGATT
4451	CTGCTAACTT	GCGCCATGGC	TTCCTTAAAT	CTGCAAAAAT	CCAGAAAAAA
4501	AAAAGTTGT	CAAAACCATA	ACACATCAAC	ACACCATATA	AAGTAAAAAT
4551	AAAAGTTTAA	CAACATTAAG	ACCTTTGTCA	TTACAAAACC	TTTCATAAGC
4601	ATAAAAAGAT	TAAGATCTAA	ATACCCACCA	TACAACAAGC	CCAAAAATAG
4651	GTATGCTCAA	TCGTAACGCA	TCAAACTCAG	TATGATTCCA	ACAGATAAAA
4701	AAATAGACAT	AACAAAATTT	ATGGCACTCC	CATACATAAG	ATCGAGATAA
4751	AACAAGGGCA	TGTTTAGCAC	ACTGTGACGT	ATATAGATCT	ATTCATCAGT
4801	AACCAAAAAA	CTTGAGCTTG	AACCGATTAA	AAGTAACAGA	TAATAGATCT
4851	ATTCATCAGT	AACCAAAAAA	CTTTAGCTTG	AATCGATTAA	AGTAACAGTT
4901	AATAGATCTA	TTCATCAGTA	ACCAAAAACT	TTCTTGAACC	AAAAACTTAT
4951	ATAAGATCTG	GATCCAAAGA	TTTGAATATA	ACAAGCAAAT	AAAAGCCTTA
5001	CCAAAAAAAC	TTTAAATCAA	AAGTAATAAA	AAAAACACTT	TTGAAAACAC
5051	CATAGCACCG	TTATTAACAA	CTCGAACGAA	AAGAAGAAGA	ATAAGCACAT
5101	ACTACACAAA	CAAAATTGAT	CTCTGAAACA	TGGATAAAAT	TGAAGACAAC
5151	GACGACAGAT	TCAGAAAAAA	CATATTGCAA	GCAACATAAA	CCAATAGAAT
5201	AAACACGAAT	AGAAGGAATA	AAATCCATAG	AACGGTGGTA	GATAACGAAC
5251	CTAGAAGAAG	CTGCGCTAAA	ACCCTAGCCG	CAAGAGAAGA	AGAGTGAACA
5301	AAGGTGTGAA	GAGAAGTAAT	GCGACGAGGG	TTAGAGGGTT	TATTTATAGC
5351	TACAACTCTT	TTCTTCTGTT	TACGAAATTA	CCCTTACTAA	TTTACCCTAG
5401	TTCCGTTTGT	ATCCTTCTCT	GCTTTCGTAG	CGACAATTGA	AACGCTCGCT
5451	AAAGCGCGTG	CTTCTCACGT	CTCGTAGTTA	AGCTTGATAA	CGCGGCCGCT
5501	CTAGGGCGCG	CCGGGTCCCG	TTTAAACTAT	CAGTGTTTGG	CACAAAGATC
5551	AAGCTTCATG	TTAAAACTAC	TTCACTCATA	AAGTTGCCAC	GTTAAGTGAT
5601	TCGTATGATT	ATTGAAGTGC	TTTTCTTTTC	ATTTTGCCAA	CATGTGCAAG
5651	GCTTGATGAT	ACTTTGTCA	CGCACGTTCG	ATACTCAAAA	TTCACGTGTT
5701	TATATTTTTG	CGGTTTTCT	CCCAGTTGGA	TTGCCATGTT	ATAGATTTG
5751	TATTTTGACT	TATTCTCCAG	CATAATTCTT	TTTTTTTAAT	TAATCGTAAA
5801	TATATTGTAA	TTATTTTTTT	GGACATAAAT	ATTATAATTA	TTTTTACCAG
5851	TCAACTTTTG	TTTAGACTAA	AAAATGAATT	TCTAAAATAC	TTTTGTCAAC
5901	CCTTTCAACA	ATGAATAATA	CTTTTGTTAA	CCCTTTCGCT	TAAGGTATAT
5951	AGTTAAGGAT	TCAATATCAT	GTTTGTCCCT	AAGAATAAAT	ATTTGTCAGA
6001	AGAAATTAAC	CCCTTAAATA	AATAATAACC	TCTGAG	

图 4-10   测定的 T-DNA 序列及其旁侧序列（续）

76

第三节　拷贝数分析

一、主要材料与方法

（一）大豆材料

转 *epsps* 和 *pat* 基因大豆 S4003.12、转基因大豆 S4003.12 亲本对照——非转基因大豆 Jack。

本研究主要材料由农业农村部科技发展中心提供。

（二）主要试剂

限制性内切酶 *Eco*R Ⅰ 和 *Eco*R Ⅴ、dNTP、DNA Marker 等购自宝生物工程（大连）有限公司。

（三）引　物

测序和引物、探针合成由 Invitrogen 有限公司完成（表4-4）。

表4-4　引物/探针信息

引物组合	引物名称	引物序列（5′-3′）	预计长度（bp）	用途
QLB	QpLB-F	TGGTGATACTGCTTAGAC	191	Real-time PCR
	QpLB-R	TAGGGTTCTTATAGGGTTTC		
	QpLB-probe	ACTTAATAACACAT-TGCGGATACGGC		
QEP-SPS	Qepsps-F	CCAACGCCAATCACCTA	87	Real-time PCR
	Qepsps-R	GATACCTGGGGTGTTGAG		
	Qepsps-probe	CAGGGTACCTATGGCTTCCGCT		
QPAT	Qpat-F	CGCGGTTTGTGATATCGTTAAC	108	Real-time PCR
	Qpat-R	TCTTGCAACCTCTCTAGATCACAA		
	Qpat-probe	AGGACAGAGCCACAA-ACACCACAAGAGTG		

（续表）

引物组合	引物名称	引物序列（5′-3′）	预计长度（bp）	用途
B	840F29	GCGAAGATGAAATT-AACATGTAGCACGAA	1 151	Southern blot
	1990R21	CACGTCTTCAA-AGCAAGTGGA		
X	CP-pr-obe-F	AAGCTTGGATCCACCAT-GCTTCACGGTGCAAGCAG	1 368	Southern blot
	CP-pr-obe-R	AAGCTTGAGCTCTC-AAGCAGCCTTAGTGTCG		

（四）方　法

1. 荧光定量 PCR（Real-time PCR）方法

以 *epsps* 基因序列为靶标，LB 旁侧序列为参照，使用相对定量法（Pfaffl 法）检测该转基因样品 T-DNA 的拷贝数。相应的引物组合见表 4-4。其中校正样品所用质粒是包含 LB 旁侧序列和 *epsps* 基因序列的 pMD19-T 质粒，示意见图 4-11。

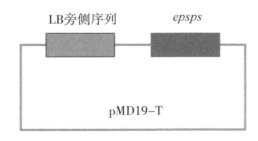

图 4-11　Real-time PCR 用校正质粒结构示意

采用 25 μL PCR 的反应体系（SYBR *Premix Ex Taq*™，TaKaRa），条件按 ABI 7300 仪器使用说明书设置，95 ℃ 10 s，95 ℃ 5 s（40 个循环），60 ℃ 31 s；95 ℃ 15 s，60 ℃ 30 s，95 ℃ 15 s。反应体系在 MicroAmp™ Optical 96-Well Reaction Plate 中混匀并用 MicroAm™ Optical Adhesive Film（美国 ABI 公司）封口。反应结果使用 Sequence Detection System Software 收集、分析。所有的样品都在同一 96 孔板中做 3 次重复，数值以平均值±标准差表示。

2. 核酸印记（Southern blot）方法

以相应的探针分别检测样品 DNA 中 PAT 和 EPSPS 蛋白的编码基因，以及 35S

终止子等三个外源序列的拷贝数，从而验证 T-DNA 拷贝数。*pat* 基因和 35S 终止子的探针制备使用引物组合 B（表 4-4）；*epsps* 基因探针制备使用引物组合为 X（表 4-4），选择限制性内切酶 *Eco*R I 和 *Eco*R V 分别消化样品基因组，酶切位点见图 4-12。Southern blot 试剂采用 DIG High Prime DNA Labeling and Detection Starter Kit Ⅱ（Roche），杂交温度为 47.5 ℃。

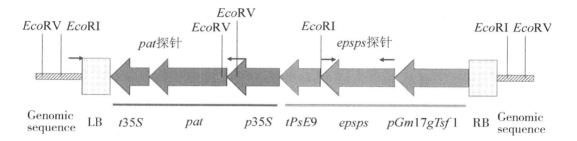

图 4-12　T-DNA 及其旁侧序列中部分限制性内切酶示意

（1）采集转基因大豆 S4003.12 新鲜叶片，用 CTAB 法提取总 DNA。

（2）基因组 DNA 的酶切。酶切体系为 *Eco*R I 和 *Eco*R V 各 5 μL，DNA 样品 10 μg，10×H buffer 10 μL，加水至 100 μL；于 37 ℃水浴中酶切 12 h。

（3）电泳：4 ℃中，0.7%琼脂糖凝胶电泳，15 V（lvem）20 h，到溴酚蓝离底部约 1 cm 处停止电泳。

（4）转膜：将胶裁成 7.5 cm×10 cm 大小，于平皿中用去离子水冲洗一次；加入变性液（1.5 mol/L NaCl、0.5 mol/L NaOH）室温振荡 20 min；用去离子水冲洗 2 次；加入中和液（1.5 mol/L NaCl、0.5 mol/L Tris-Cl，pH 7.0）室温振荡 20 min；用去离子水冲洗 2 次；加入中和液（1.5 mol/L NaCl、0.5 mol/L Tris-Cl，pH 7.0）室温振荡 20 min；用去离子水冲洗 2 次；加入 20× SSC 平衡 20 min；组装转膜（向上毛细管法）14 h；取下做好标记，于 6× SSC 中漂洗一次，于滤纸上凉干。UV 交联仪上照射固定 DNA（5 000 μJ/cm²）；取出后对应标记分子量标准位置。

（5）杂交：取 10 mL Hyb 高效杂交液（Hyb-100），加入杂交袋中，65 ℃水浴中预杂交 3 h；按 3 ng/mL 的浓度准备杂交探针，置 1.5 mL 离心管，于沸水浴中变性 10 min，立即放冰水浴冷却 5 min；排尽预杂交液，加入新变性好的探针，65 ℃水浴中杂交过夜。

（6）洗膜和信号检测：杂交洗膜后，将膜置于洗膜缓冲液中平衡 1 min；将膜在封闭液中封闭 30 min（在摇床上轻轻摇动）；Anti-Dig-AP 在 13 000 r/min 下离心

5 min，离心后将 Anti-Dig-AP 用封闭液稀释（1∶10 000），1 μL Anti-Dig-AP 加入 10 mL 封闭液混匀；封闭完成后倒出封闭液，加入稀释好的抗体溶液，浸膜至少 30 min；去除抗体溶液，用洗膜缓冲液缓慢洗膜 2 次，每次 15 min；去除洗膜缓冲液，在检测液中平衡膜 2 次，每次 2 min；用检测缓冲液稀释 CDP-STAR（1∶100）化学发光底物，将膜置于两张保鲜膜之间，加入化学发光底物，让底物溶液均匀扩散到膜的表面，室温下放置 5 min；将膜置 X 光片盒中后马上曝光处理，曝光时间 40 min。

二、结　果

（一）荧光定量结果

根据反应程序设定参数，得到试样检测扩增曲线（图 4-13）。

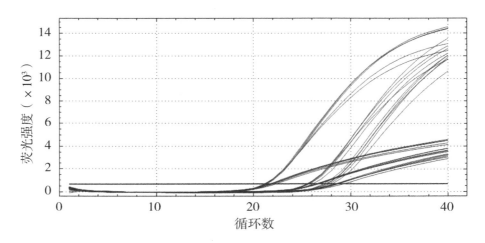

图 4-13　试样检测扩增曲线

根据检测数据，通过以下公式计算得到表 4-5 结果。表明 *epsps* 序列在该转化体基因组中只有一个基因拷贝。

$$\text{Ratio} = \frac{(1 + E_{\text{target}})^{\Delta\text{Ct target(control-expt)}}}{(1 + E_{\text{reference}})^{\Delta\text{Ct reference(control-expt)}}}$$

表 4-5　Pfaffl 法分析 S4003.12 样品 *epsps* 序列的拷贝数

模板	扩增效率 E（%）	质粒 Ct	大豆 DNA Ct	$(1+E)^{\Delta\text{Ct}}$	比率	拷贝数
旁侧序列	97.4	21.858	28.69	104.045 0	1.088	1
epsps	109.5	21.198	27.594	113.652 2		

（续表）

模板	扩增效率 E（%）	质粒 Ct	大豆 DNA Ct	$(1+E)^{\Delta Ct}$	比率	拷贝数
旁侧序列	97.4	25.666	28.69	4.1936	0.992	1
epsps	109.5	26.582	27.594	4.1614		

注：ΔCt=大豆 DNA Ct−质粒 Ct。

（二）核酸印记法结果

选择限制性内切酶 *Eco*R Ⅰ 和 *Eco*R Ⅴ 分别消化样品基因组，结果显示，S4003.12 样品基因组 DNA 分别被 *Eco*R Ⅰ 和 *Eco*R Ⅴ 消化后，*pat* 和 35S 终止子探针均只检测出一条条带，而阴性对照（Jack）未检测出 *pat* 和 35S 终止子基因，检测结果与预期大小一致（图 4-14 左和表 4-6）。

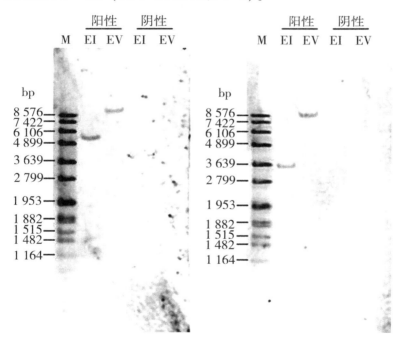

图 4-14　S4003.12 样品 Southern blot 分析结果

注：左图，*pat* 和 35S 终止子探针检测；右图，*epsps* 探针检测；"M" 泳道为 Roche DNA Molecular Weight Marker Ⅶ Digoxigenin-labeled；"EI" 泳道为 *Eco*R Ⅰ 酶切样品；"EV" 泳道为 *Eco*R Ⅴ 酶切样品；"阳性" 为 S4003.12 样品的基因组 DNA，"阴性" 为 Jack 样品的基因组 DNA。

用 *epsps* 探针对 *Eco*R Ⅰ 和 *Eco*R Ⅴ 分别消化的 S4003.12 样品基因组 DNA 进行检测，结果也均为一条条带；同时，阴性样品（Jack）未检测出 *epsps* 基因。检测结果与预期大小一致（表 4-6 和图 4-14 右）。

根据已知大豆基因组数据库中相应序列信息，结合本转基因大豆分子特征结构，预估酶切片段大小，结果如图 4-14 所示，酶切片段大小与预期结果一致。

表 4-6 Southern blot 选用限制性内切酶及其对应片段大小

探针	限制性内切酶	预期大小（bp）	研发者结果（kb）	验证者结果（kb）
pat 和 35S 终止子	*Eco*R Ⅰ	5 224	＞2.1	≈5.3
	*Eco*R Ⅴ	8 962	＞0.8	≈9.0
epsps	*Eco*R Ⅰ	3 285	＞2.7	≈3.4
	*Eco*R Ⅴ	8 614	＞3.8	≈8.6

注：预期大小是根据已知大豆基因组数据库中相应序列判断。

三、小　结

确定外源基因的插入拷贝数，是成功建立转基因转化体模型的首要步骤，也是后续表型研究和基因功能探讨的前提条件。在大多数情况下，外源基因是以头尾相连的线性串联重复方式随机整合入宿主基因组的单个或多个位点中。通常以每个单倍体基因组中整合外源基因的分子数计算外源基因的拷贝数。本节通过实时荧光定量 PCR 法和 Southern 印迹杂交法对转基因大豆 S4003.12 外源基因进行测定，表明 S4003.12 转化体的外源 DNA 元件 *pat* 和 35S 终止子基因和 *epsps* 基因均为单拷贝。

第五章 转基因大豆转化体特异性定性 PCR 检测方法标准化研究

随着转基因作物种植面积的持续增长和全球公众对于转基因植物及其产品安全性关注度的提升，我国依法对转基因生物安全实施管理，转基因作物检测方法的标准化是有效监管的重要技术支撑。目前，从检测靶标来看，转基因产品成分检测方法主要分为核酸检测和蛋白检测两大类。在转基因产品检测过程中，PCR技术因其特异性强、灵敏度高、再现性好、检测成本适中、操作简便等特性，应用最为广泛（Holst et al.,2003；金芜军 等，2004）。核酸检测中根据所检目的DNA片段的特异性差异，转基因产品PCR检测方法又可分为筛选元件特异性、基因特异性、构建特异性和转化体特异性四类。其中转化体特异性PCR检测方法以转基因生物的旁侧序列（外源插入片段与受体基因组的连接区序列）为检测对象，具有转化体专一性，已成为国际上转基因产品检测方法标准的首选，我国近年来发布的检测方法标准大多数为转化体特异性检测方法。

DAS-444Ø6-6大豆是陶氏益农公司研发的多基因耐除草剂的转基因大豆品系。该转化体植株能够表达外源 *epsps*、*aad*-12 和 *pat* 基因，从而耐受草甘膦、2,4-D 和草丁膦三种重要除草剂。目前该转化体已在美国、加拿大、阿根廷、巴西等国家种植，约12个国家批准其食用或饲用。该转化体在我国也进入进口审批环节，但目前还没有相关定性PCR检测标准。为及时应对国际、国内形势，对其进行有效监管，我国迫切需要建立该转化体及其衍生品种的转化体特异性定性PCR检测方法技术标准。

第一节　耐除草剂大豆 DAS-444Ø6-6 转化体特异性检测方法的建立

一、主要材料与方法

（一）主要材料与样品制备

转基因大豆 DAS-444Ø6-6、对照材料非转基因大豆 Maverick。

以对照大豆为填充物，制备转基因大豆 DAS-444Ø6-6 质量分数为 10%、2%、1%、0.5%、0.1% 和 0.05% 的混合物。

本研究主要材料由农业农村部科技发展中心提供。

（二）方　法

1. 引物设计

耐除草剂大豆 DAS-444Ø6-6 的 T-DNA 结构见图 5-1，表达框内含有 CsVMV

启动子、AtUbi10 启动子、Histone H4A748 启动子，分别调控 *pat*、*add* − 12 和 *2mepsps* 三种基因的表达。

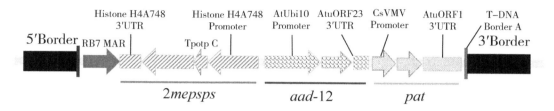

图 5-1　DAS−444Ø6−6 的 T−DNA 及其整合位点示意

根据研发者提供的 DAS−444Ø6−6 大豆的外源 T−DNA 插入位点的 5′端旁侧序列，使用 primer 5.0 在右边界设计了 6 条正向引物和 5 条反向引物（表 5−1）。

表 5−1　5′端设计引物信息

引物名称	引物序列（5′−3′）	引物名称	引物序列（5′−3′）
1F	TCAGTTTAATATCTGATA-TGTGGGTCATTGG	1R	GCGAGCTTTCTAATTT-CAAACTATTCGGAC
2F	GGGGCCTGACA-TAGTAGCT	2R	AGAGCGAATTTGGC-CTGTAGACCTCA
3F	TAGCTTGCTACTGGG-GGTTCTTAAGCG	3R	TAATATTGTACG-GCTAAGAGCGAA
4F	GTTCTTAAGCGTAGC-CTGTGTCTTGCACT	4R	TAGGATCCGGTGAG-TAATATTGTACGGCTA
5F	CTGGCGCACCCTAC-GATTCAGT	5R	TCACACCGGTT-AGGATCCGGTGAGT
6F	GAACTTACATGTAAAC-GGTAAGGTCATCATGG	4406−1−R	AATTGCGAGCTT-TCTAATTTCAAAC
4406−1−F	GCGCACCCTA-CGATTCAGTGT		

根据《转基因植物及其产品成分检测　定性 PCR 方法制定指南》（农业部 2259 号公告−4−2015）对普通 PCR 产物推荐的长度为 120～300 bp 的建议，选择右边界扩增片段长度均在 120～300 bp 19 对引物组合（表 5−2）用于测试。另外，还对研发者陶氏益农公司提供的 DAS−444Ø6−6 大豆的定性 PCR 检测引物（4406−1−F 和 4406−1−R，表 5−1 和表 5−2）进行了测试。

表 5-2　扩增引物组合

编号	RB 引物	片段长度（bp）	编号	RB 引物	片段长度（bp）
1	1F/1R	278	11	4F/2R	213
2	2F/1R	220	12	4F/3R	235
3	2F/2R	249	13	4F/4R	243
4	2F/3R	259	14	4F/5R	253
5	2F/4R	279	15	5F/1R	144
6	2F/5R	289	16	5F/2R	173
7	3F/1R	200	17	5F/5R	213
8	3F/2R	229	18	6F/4R	123
9	3F/5R	269	19	6F/5R	133
10	4F/1R	184	20	4406-1-F/R	145

2. 引物初筛

以质量分数 1% 的 DAS-44406-6 大豆基因组 DNA 为模板，采用通用的 PCR 扩增体系和条件进行引物的初步筛选，每个反应设置两个平行。

3. 候选引物灵敏度筛选

将 DAS-44406-6 大豆基因组 DNA 分别稀释到 10%、1%、0.5%、0.1%、0.05%、0.01% 的浓度，通过 PCR 扩增对候选引物组合及研发者提供的引物进行灵敏度测试，进一步筛选检测引物。

4. PCR 扩增体系和条件的优化

PCR 扩增体系中 Mg^{2+} 是 *Taq* DNA 酶不可或缺的辅助因子，Mg^{2+} 浓度对 PCR 扩增效率影响很大，浓度过高可降低 PCR 扩增的特异性，浓度过低则影响 PCR 扩增产量甚至使 PCR 扩增失败而不产生扩增条带，不同的引物和模板适配的最佳 Mg^{2+} 浓度也不相同。为此以 1% 浓度的基因组 DNA 为模板，设置 0、0.5 mmol/L、1.0 mmol/L、1.5 mmol/L、2.0 mmol/L 和 2.5 mmol/L 共 6 个 Mg^{2+} 浓度梯度，配制 PCR 体系，每个浓度下设三个平行进行 Mg^{2+} 浓度优化。

针对 PCR 反应条件中引物浓度和退火温度两个关键因素进行正交试验优化。以 1% 浓度的基因组 DNA 为模板，分别设置 0、0.1 μmol/L、0.2 μmol/L、0.4 μmol/L、0.6 μmol/L 共 5 个引物浓度梯度，配制 PCR 体系，退火温度分别设置为 56 ℃、58 ℃、60 ℃、62 ℃ 和 64 ℃，每个浓度梯度设置三个平行，进行扩增条件优化试验。

二、结　果

（一）引物初筛结果

采用 19 对研究设计的引物组合，提取大豆基因组 DNA，稀释到 1%，以 1%的 DAS-4440Ø6-6 大豆基因组 DNA 为模板，采用通用的 PCR 扩增体系和条件进行引物筛选。遵循多次试验中引物二聚体少、重复性好、扩增条带清晰的引物作为建立检测方法候选引物。最终初步筛选出 1F/1R、2F/3R、2F/5R、3F/5R、4F/1R、4F/3R 和 5F/5R 七对候选引物组合，扩增产物分别为 278 bp、259 bp、289 bp、269 bp、184 bp、235 bp 和 213 bp（图 5-2）。

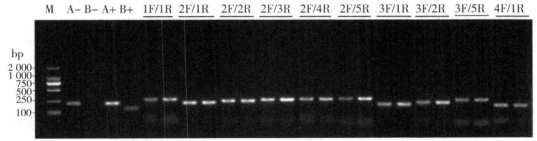

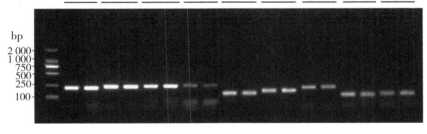

图 5-2　引物组合筛选结果

注："M" 泳道为 DNA 标准分子量（Takara DL2000 DNA marker，包括 100 bp、250 bp、500 bp、750 bp、1 000 bp和2 000 bp共6 条带，本方案所有 DNA 电泳均使用该产品）；"A-" 泳道为使用内标准基因引物 lec-1672F/lec-1881R 扩增非转基因大豆 Maverick 的 DNA 模板；"B-" 泳道为研发者提供的引物 4406-F/R 扩增非转基因大豆 Maverick 的 DNA 模板；"A+" 泳道为使用内标准基因引物 lec-1672F/lec-1881R 扩增转基因大豆 DAS-4440Ø6-6 的 DNA 模板，"B+" 泳道为研发者提供的引物 4406-F/R 扩增转基因大豆 DAS-4440Ø6-6 的 DNA 模板；其他泳道为相应的引物组合扩增 DAS-4440Ø6-6 样品 DNA 的结果。

（二）候选引物灵敏度筛选结果

为进一步对引物进行筛选，针对上述筛选出的 7 对候选引物组合和研发者提供的检测引物进行灵敏度测试，结果见图5-3，可知所选引物特异性较好，转基因大豆 DAS-444Ø6-6 DNA 含量1%以上样品均能扩增出相应条带，但转基因成分含量低于0.1%以下时，扩增条带出现差异。根据引物的扩增特异性、稳定性及灵敏度的表现，进一步选择引物组合 2F/3R 作为候选引物对组合，并对这 1 对引物组合进行 PCR 反应体系和条件的优化。

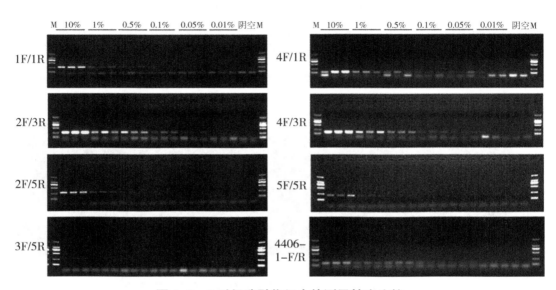

图 5-3　8 对候选引物组合检测灵敏度比较

注："M" 泳道为 DNA 标准分子量；"10%、1%、0.5%、0.1%、0.05%、0.01%" 泳道分别为 DAS-444Ø6-6 大豆基因组 DNA 浓度含量 10%、1%、0.5%、0.1%、0.05% 和 0.01% 的样品；"阴" 泳道为非转基因大豆 Maverick 样品；"空" 泳道为 ddH$_2$O。

（三）扩增体系和条件优化结果

1. 扩增体系优化结果

执行通用 PCR 扩增程序，不同 Mg^{2+}浓度扩增结果见图5-4，测试结果表明，该引物组合在 Mg^{2+}浓度 1.5 mmol/L 时扩增效果较理想。

2. 扩增条件优化结果

引物浓度和退火温度两个关键因素进行正交试验结果表明，2F/3R 引物组合在浓度为 0.2 μmol/L、退火温度为 60 ℃时扩增条带特异、清晰、亮度合理且二聚体较少，因此选择该条件作为耐除草剂大豆 DAS-444Ø6-6 转化体特异性定性检测方法（图5-5）。

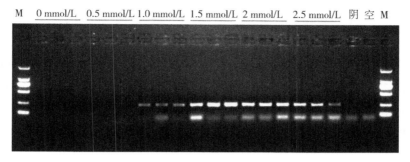

图 5-4 Mg²⁺浓度优化测试结果

注："M"泳道为 DNA 标准分子量；设 6 种 Mg²⁺浓度，每个浓度下设 3 个平行，测试样品均为 1%浓度的 DAS-44406-6 大豆基因组 DNA；"阴"泳道为非转基因大豆 Maverick 样品；"空"泳道为 ddH₂O。

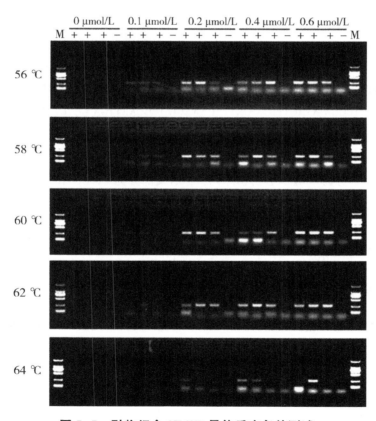

图 5-5 引物组合 2F/3R 最佳反应条件测试

注："M"泳道为 DNA 标准分子量；设 5 种引物浓度，每个浓度下设 3 个平行，"+"表示测试样品为 1%浓度的 DAS-44406-6 大豆基因组 DNA，"-"为阴性对照，测试样品为非转基因大豆 Maverick 样品。

三、小 结

本研究设计 19 对耐除草剂大豆 DAS-444Ø6-6 转化体特异性定性 PCR 检测引物，经引物初筛、灵敏度筛选和 PCR 反应体系与条件优化，确定 2F/3R 引物组合为检测引物组合，名称调整为 444Ø6-F 和 444Ø6-R。耐除草剂大豆 DAS-444Ø6-6 转化体特异性定性 PCR 检测方法主要技术参数如下。

（一）耐除草剂大豆 DAS-444Ø6-6 转化体特异性序列引物

特异性序列引物见图 5-6，预期扩增片段大小为 259 bp。

444Ø6-F：5′-GGGGCCTGACATAGTAGCT-3′

444Ø6-R：5′-TAATATTGTACGGCTAAGAGCGAA-3′

15′ <u>GGGGCCTGAC ATAGTAGCTT</u> GCTACTGGGG GTTCTTAAGC GTAGCCTGTG TCTTGCACTA

61 CTGCATGGGC CTGGCGCACC CTACGATTCA GTGTATATTT ATGTGTGATA ATGTCATGGG

121 TTTTTATTGT TCTTGTTGTT TCCTCTTTAG GAACTTACAT GTAAACGGTA AGGTCATCAT

181 GGAGGTCCGA ATAGTTTGAA ATTAGAAAGC TCGCAATTGA GGTCTACAGG CCAAA<u>TTCGC</u>

241 <u>TCTTAGCCGT ACAATATTA</u>3′

图 5-6 扩增靶标序列

注：5′划线部分为 444Ø6-F 引物序列，3′划线部分为 444Ø6-R 引物的反向互补序列。1～183 bp 为大豆基因组序列，184～259 bp 为外源插入片段部分序列。

（二）反应体系

反应体系见表 5-3。

表 5-3 耐除草剂大豆 DAS-444Ø6-6 转化体特异性定性 PCR 检测反应体系

试剂	终浓度	体积（μL）
ddH$_2$O		—
10× PCR 缓冲液	1×	2.5
25 mmol/L 氯化镁溶液	1.5 mmol/L	1.5
dNTPs 混合溶液（各 2.5 mmol/L）	各 0.2 mmol/L	2.0
10 μmol/L 44406-F	0.2 μmol/L	0.5
10 μmol/L 44406-R	0.2 μmol/L	0.5
Taq DNA 聚合酶	0.25 U/μL	—

（续表）

试剂	终浓度	体积（μL）
25 mg/L DNA 模板	2.0 mg/L	2.0
总体积		25.0

注："—"表示体积不确定，如果 PCR 缓冲液中含有氯化镁，则不加氯化镁溶液，根据 *Taq* DNA 聚合酶的浓度确定其体积，并相应调整水的体积，使反应体系总体积达到 25.0 μL。

若采用定性 PCR 试剂盒，则按试剂盒说明书的推荐用量配制反应体系，但上下游引物用量按表 5-3 执行。

（三）反应程序

95 ℃变性 5 min；95 ℃变性 30 s，60 ℃退火 30 s，72 ℃延伸 30 s，共进行 35 次循环；72 ℃延伸 5 min；10 ℃保存。

第二节　转基因大豆 DAS-444Ø6-6 转化体特异性检测方法的验证

一、主要材料与方法

（一）主要材料

耐除草剂大豆 DAS-444Ø6-6、对照材料非转基因大豆 Maverick。
本研究主要材料由农业农村部科技发展中心提供。

（二）测试样品制备

（1）以对照大豆为填充物，转基因大豆 DAS-444Ø6-6 质量分数为 10%、2%、1%、0.5%、0.1% 和 0.05% 的混合物。

（2）阴性对照。

（3）非转基因大豆混合物。

（4）其他转基因大豆混合物（305423、CV127、MON89788、A5547-127、A2704-12、GTS40-3-2，每种转化体含量为 1%），以非转基因大豆为填充物。

（5）转基因水稻混合物（科丰 6 号、皖 21B、克螟稻、M12、TT51、Ⅱ优科丰 6 号，每种转化体含量为 1%），以非转基因水稻为填充物。

（6）转基因油菜混合物（MS1、MS8、RF1、RF2、RF3、T45、Oxy235、Topas19/2、GT73，每种转化体含量为1%），以非转基因油菜为填充物。

（7）转基因玉米混合物（Bt176、Bt11、MON863、GA21、NK603、T25、TC1507、MON89034、59122、MIR604、MON88017、MON810，每种转化体含量为1%），以非转基因玉米为填充物。

（8）转基因棉花混合物（MON1445、MON531、MON15985、LLCOTTON25、MON88913，每种转化体含量为1%），以非转基因棉花为填充物。

（三）方　法

1. 准确性验证

根据建立的方法，对DAS-44406-6大豆质量分数1%的样品进行DNA提取和PCR扩增，将扩增产物进行测序分析。

2. 灵敏度验证

将DAS-44406-6大豆基因组DNA分别稀释到10%、1%、0.5%、0.1%、0.05%、0.01%的浓度，分别以研发者提供的引物组合4406-1-F/4406-1-R以及本研究筛选的44406-F和44406-R组合进行PCR扩增。

3. 特异性验证

用本研究建立的检测方法对检测质量分数1%的DAS-44406-6大豆样品、其他转基因大豆混合样品、转基因玉米混合样品、转基因水稻混合样品、转基因棉花混合样品、转基因油菜混合样品、非转基因大豆混合样品，设置空白对照和阴性对照，测试本方法的特异性。

4. 检测限测试

制备质量分数为0.1%的DAS-44406-6大豆样品，用本研究建立的检测方法进行60次平行检测，确定本方法的稳定检测下限。

5. 加工产品测试

将DAS-44406-6大豆与非转基因大豆混合，配置转基因大豆质量含量分别为10%、2%和1%的混合样品。将配置的混合样品模拟食品加工过程，在高压灭菌锅中121℃下高温高压灭菌30 min处理，提取处理样品中的基因组DNA后进行PCR扩增。

二、结　果

（一）准确性

将该引物组合的扩增产物送上海美吉生物医药科技有限公司测序，结果如

图 5-7 显示，扩增产物大小为 259 bp，产物序列与研发者提供资料中分子特征信息一致，表明该引物组合扩增结果符合预期，可用于 DAS-444Ø6-6 转化体事件检测。

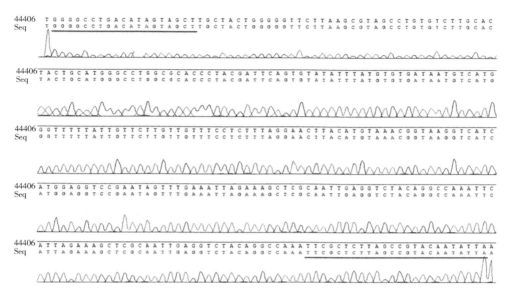

图 5-7　DAS-444Ø6-6 大豆扩增产物测序结果

注：图中直线标出引物序列。

（二）灵敏度

灵敏度测试结果显示，本方法引物和研发者提供的引物组合在含量为 0.1% 以上（含 0.1%）的样品中均能稳定扩增到预期 DNA 片段（图 5-8），并且本研究筛选的 444Ø6-F 和 444Ø6-R 组合的 PCR 产物大小更加合理，更容易分辨，有利于实际检测工作中的结果判定。该方法的灵敏度可达到 0.1%。

（三）特异性

检测结果如图 5-9 所示，空白点样孔无扩增条带说明试验成立；使用该方法仅从质量分数 1% 的 DAS-444Ø6-6 大豆混合物样品中扩增到预期 DNA 条带，而在含有其他 38 种转基因作物转化体成分的 6 种混合样品和阴性样品中均未扩增到预期大小的条带，表明建立的 DAS-444Ø6-6 大豆检测方法具有高度特异性。

（四）检测限

运用本方法，重复检测质量分数为 0.1% 的 DAS-444Ø6-6 大豆混合样品 12

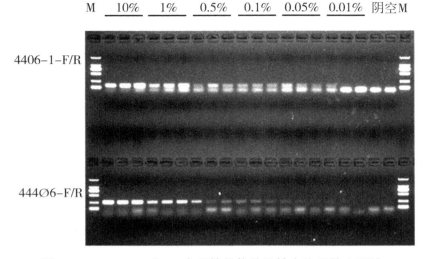

图 5-8　DAS-444Ø6-6 大豆转化体特异性方法灵敏度测试

注："M"泳道为 DNA 标准分子量；"10%、1%、0.5%、0.1%、0.05%、0.01%"泳道分别为 DAS-444Ø6-6 大豆基因组 DNA 浓度含量 10%、1%、0.5%、0.1%、0.05%、0.01%的样品；"阴"泳道为非转基因大豆 Maverick 样品；"空"泳道为 ddH$_2$O。

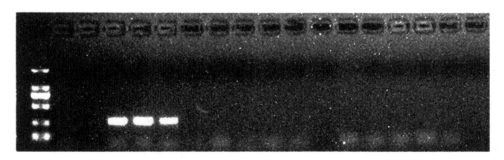

图 5-9　DAS-444Ø6-6 大豆转化体特异性方法特异性测试

注："M"泳道为 DNA 标准分子量；1%的 DAS-444Ø6-6 大豆样品设置 3 个平行，阴性和空白对照各一个反应，其余样品各设置两个平行。

份，分别提取基因组 DNA 作为模板，每个样品设置 5 次平行反应。结果如图 5-10所示，60 次平行中均能稳定检测出预期 DNA 片段，表明本方法的检出限为 0.1%。

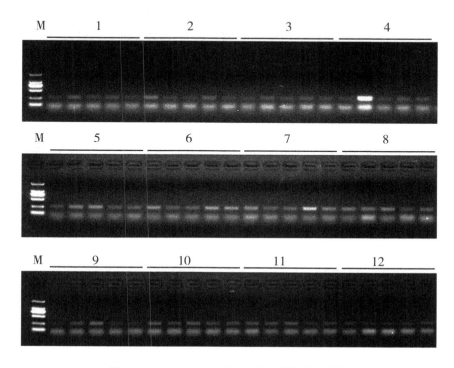

图 5-10　DAS-444Ø6-6 大豆检测限测试

注："M" 泳道为 DNA 标准分子量；1~12 表示 12 份质量分数为 0.1%的 DAS-444Ø6-6 大豆混合样品，每份样品下设 5 个平行，共 60 个平行。

（五）加工产品测试

测试结果如图 5-11 所示，在含量为 1%以上样品中能稳定扩增到预期 DNA 片段，表明本方法可用于 DAS-444Ø6-6 大豆加工品的定性 PCR 检测。

三、小　结

通过准确性、灵敏度、特异性、检测限和加工品测试，结果表明：本研究建立的耐除草剂大豆 DAS-444Ø6-6 及其衍生品种定性 PCR 方法科学、准确、灵敏，可用于转基因大豆 DAS-444Ø6-6 及其加工品的转化体特异性检测，检测限 0.1%。

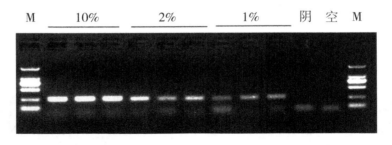

图 5-11　DAS-444Ø6-6 大豆加工品测试

注："M" 泳道为 DNA 标准分子量；"10%、2%、1%"
泳道分别为 DAS-444Ø6-6 大豆质量分数 10%、2%、1%的混
合大豆加工品样品，每个浓度下设 3 个平行；"阴" 泳道为非
转基因大豆 Maverick 加工品样品；"空" 泳道为 ddH$_2$O。

第三节　转基因植物及其产品成分检测耐除草剂大豆 DAS-444Ø6-6 及其衍生品种定性 PCR 方法标准文本复核验证

一、验证目的

为综合评价《转基因植物及其产品成分检测　耐除草剂大豆 DAS-444Ø6-6
及其衍生品种定性 PCR 方法》标准文本的科学性、先进性和适用性，验证转基因
大豆 DAS-444Ø6-6 转化体特异性检测方法的特异性、灵敏度和再现性，严格按
照《关于印发〈转基因植物及其产品成分检测——转化体特异性和基因特异性定
性 PCR 方法标准文本验证方案〉的通知》要求，设计本标准文本的复核验证
方案。

二、组织实施

标准文本的验证工作由农业部科技发展中心统一组织实施。

根据标准验证的要求，农业部转基因环境安全及植物抗性监督检验测试中心
（北京）、农业部转基因植物用微生物环境安全监督检验测试中心（北京）、农业部

转基因生物生态环境安全监督检验测试中心（天津）、农业部农产品及转基因产品质量安全监督检验测试中心（天津）、农业部谷物及制品质量监督检验测试中心（哈尔滨）、农业部转基因植物环境安全监督检验测试中心（长春）、农业部转基因植物及植物用微生物环境安全监督检验测试中心（广州）、农业部农产品及转基因产品质量安全监督检验测试中心（杭州）共 8 家第三方检测机构对本标准方法进行特异性检测、灵敏度测试和重演性分析，并对标准的科学性、先进性和适用性进行综合评价。

三、验证样品设计

根据标准文本，本标准方法的检出限为 0.1%。在此基础上，确定如下 12 份验证样品。

（一）对照样品

（1）阳性对照：DAS-444Ø6-6 大豆，含量为 1%。标签为：DAS-444Ø6-6 阳性对照。

（2）阴性对照：3 种非转基因大豆等量混合制成 1 个样品。标签为：大豆阴性对照。

（二）测试样品

1. 单一转化体样品

（1）DAS-444Ø6-6 大豆，含量为 1%。标签为：DAS-444Ø6-6（1%）。

（2）DAS-444Ø6-6 大豆，含量为 0.1%。标签为：DAS-444Ø6-6（0.1%）。

（3）DAS-444Ø6-6 大豆，含量 0.05%。标签为：DAS-444Ø6-6（0.05%）。

（4）DAS-444Ø6-6 大豆：含量为 5%，121 ℃，30 min 处理。标签为：DAS-444Ø6-6 加工品（5%）。

2. 转基因植物混合样品

（1）转基因大豆 GTS40-3-2、MON89788、A5547-127、A2704-12、356043、305423、CV127、MON87701、MON87708、MON87769、MON87705、FG72，12 个转化体混合制成 1 个样品，含量各 1%。标签为：其他转基因大豆混样。

（2）转基因玉米 Bt11、Bt176、MON810、MON863、GA21、NK603、T25、TC1507、MON89034、MON88017、59122、MIR604、3272、MON87460、MIR162、DAS40278-9、SH12-5、IE09S034，18 个转化体混合制成 1 个样品，含量各 1%。标

签为：转基因玉米混样。

（3）转基因水稻 TT51-1、KF-6、KMD-1、M12、KF-8、KF-2、G6H1，7 个转化体混合制成一个样品，含量各 1%（以非转基因水稻为填充物）。标签为：转基因水稻混样。

（4）转基因油菜 MS1、MS8、RF1、RF2、RF3、T45、Oxy235、Topas19/2、MON88302，9 个转化体混合制成 1 个样品，含量各 1%（以非转基因油菜为填充物）。标签为：转基因油菜混样。

（5）转基因棉花 MON1445、MON531、MON15985、LLCOTTON25、MON88913、GHB614，6 个转化体混合制成 1 个样品，含量各 1%（以非转基因棉花为填充物）。标签为：转基因棉花混样。

3. 非转基因样品

非转基因大豆混合制成 1 个样品。标签为：非转基因大豆混样。

验证样品由农业农村部科技发展中心统一制备和发放。

四、验证项目和要求

验证单位要严格按照标准文本及其程序，测试标准方法的特异性、灵敏度和再现性。验证单位须按附件格式和要求出具标准文本验证报告，并附测试谱图。验证包括特异性检测、灵敏度检测和加工品检测 3 项测试，各项测试均需设置阳性、阴性、空白对照，其中阳性、阴性分别用样品设计中对照样品 1 号、2 号样品。

（一）特异性测试

检测样品设计中测试样品 3 号、7 号、8 号、9 号、10 号、11 号、12 号样品。

（二）灵敏度测试

检测样品设计中测试样品 3 号、4 号、5 号样品。

（三）加工品测试

检测样品设计中测试样品 6 号样品。

五、验证结果分析

8 家单位的复核验证结果（表 5-4）显示，在特异性检测中，仅从含有 DAS-44406-6 转化体的样品（含加工品）中扩增获得预期 DNA 片段，而在其他转基因大豆、玉米、水稻、油菜、棉花和非转基因大豆阴性对照样品中未扩增获得预期片段。在灵敏度测试中，所有验证单位从含量为 0.1% 的 DAS-444Ø6-6 大豆样品中扩增获得预期片段。

表 5-4　耐除草剂大豆 DAS-444Ø6-6 及其衍生品种
定性 PCR 方法验证结果汇总

样品编号/名称	DAS-444Ø6-6 大豆特异性片段重复测定结果							
	1	2	3	4	5	6	7	8
1. 阳性对照	+	+	+	+	+	+	+	+
2. 阴性对照	−	−	−	−	−	−	−	−
3. DAS-444Ø6-6 大豆（含量 1%）	+	+	+	+	+	+	+	+
4. DAS-444Ø6-6 大豆（含量 0.1%）	+	+	+	+	+	+	+	+
5. DAS-444Ø6-6 大豆（含量 0.05%）	/	/	/	/	/	/	/	/
6. DAS-444Ø6-6 大豆加工品（含量 5%）	+	+	+	+	+	+	+	+
7. 其他转基因大豆混样	−	−	−	−	−	−	−	−
8. 转基因玉米混样	−	−	−	−	−	−	−	−
9. 转基因水稻混样	−	−	−	−	−	−	−	−
10. 转基因油菜混样	−	−	−	−	−	−	−	−
11. 转基因棉花混样	−	−	−	−	−	−	−	−
12. 非转基因大豆混样	−	−	−	−	−	−	−	−

注："+"表示阳性结果，"−"表示阴性结果，"/"表示不需要验证。

验证结果表明：经过国内同行实验室的循环验证，本标准建立的 DAS-444Ø6-6 大豆转化体特异性定性 PCR 检测方法，可以特异性地与其他转基因大豆、玉米、水稻、棉花、油菜相区分，具有高度的特异性，定性 PCR 方法检出限为 0.1%。

8 家验证单位的多次重复试验均获得一致性结果，表明本标准方法具有很好的再现性，符合科学性、先进性和可操作性的原则，能够满足耐除草剂转基因大豆 DAS-444Ø6-6 及其衍生品种，以及制品中 DAS-444Ø6-6 成分的定性 PCR 检测的需要。

六、小　结

本检测方法能够满足耐除草剂转基因大豆 DAS－444Ø6－6 及其衍生品种（制品）中 DAS－444Ø6－6 成分的定性 PCR 检测的需要，方法特异性、灵敏度、再现性等技术指标满足《农业转基因生物安全管理条例》及其他法律法规对于 DAS－444Ø6－6 大豆安全监管的要求。

研究成果形成国家标准《转基因植物及其产品成分检测　耐除草剂大豆 DAS－444Ø6－6 玉米及其衍生品种定性 PCR 方法》，已于 2018 年 12 月 19 日经农业农村部公告（农业农村部 111 号公告－11－2018）发布，2019 年 6 月 1 日起实施。

第六章

转基因大豆筛查检测技术研究

转基因生物身份鉴定是转基因生物安全监管的前提。在日常监管工作中，筛查检测是使用最普遍的检测方法（Holst，2009）。该方法的基本原理是根据已知转基因产品的分子特征，挑选出使用频率最高的少数几个调控元件或外源基因作为检测靶标，用以判定测试样品中是否含有转基因成分，如果检测结果为阴性，则表明样品中不含有已知转基因成分，如果检测结果为阳性，可初步判断被测样品中存在转基因成分以及可能的转化体类型，然后进行转化体验证（Holst et al.，2003），以进行准确的转基因身份鉴定。

当前，我国转基因成分检测面临转化体数量众多，鉴定检测困难（温洪涛 等，2020）；不同转化体 T-DNA 结构独特，插入外源基因种类各异，筛查检测参数选择繁杂；检测过程工作量大、成本高、耗时长；检测阳性对照物质严重缺乏，特别是未获我国授权的转基因作物阳性基体物质必须依赖进口等现实问题。亟须开展精准、快速的转基因成分筛查技术研究，为转基因生物安全监管提供有力的技术支撑。

第一节　转基因大豆筛查检测策略研究

不同作物使用的基因元件和外源基因的种类和频次各不相同，而且不同作物中使用的基因元件虽然名称相同但序列可能具有差异，因此不同作物需根据具体情况采取合适的筛查策略（Querci et al.，2010）。当前全球商业化种植的转基因大豆共有 43 种，包括 27 种独立转化体和 16 种复合性状转基因大豆，此外还有我国自主研发的两种独立转化体大豆已经获得我国转基因生物安全证书。这 29 种转基因大豆独立转化体构建涉及至少 65 个外源基因，优化的覆盖全面且检测靶标数量较少的转基因大豆筛查策略研究尤显迫切。

一、主要材料与方法

（一）主要材料

1. 转基因大豆信息来源

转基因大豆信息来源见表 6-1。

表 6-1　转基因大豆信息来源

网站名称	网址
GMO Approval Database（ISAAA）	http://www.isaaa.org/gmaprovaldatabase/default.asp

（续表）

网站名称	网址
LMO Registry（Biosafety Clearing-House）	https：//bch. cbd. int/database/lmo-registry/
BioTrack Product Database （OECD）	https：//biotrackproductdatabase. oecd. org/byIdenti-fier. aspx
Lens. Org	https：//www. lens. org/
SooPAT 专利搜索	http：//www. soopat. com/
农业农村部网站	http：//www. moa. gov. cn/ztzl/zjyqwgz/spxx/

2. 引　　物

本研究所用的普通 PCR 引物见表6-2。

表6-2　研究所用的普通 PCR 引物

引物名称	引物序列（5'-3'）	产物长度（bp）
35S-F	GCTCCTACAAATGCCATCATTGC	195
35S-R	GATAGTGGGATTGTGCGTCATCCC	
NOS-F	GAATCCTGTTGCCGGTCTTG	180
NOS-R	TTATCCTAGTTTGCGCGCTA	
Te9-F	CGCACACACCAGAATCCTACTGA	285
Te9-R	AGGCCACGATTTGACACA	
305423-F	CGTCAGGAATAAAGGAAGTACAGTA	235
305423-R	GCCCTAAAGGATGCGTATAGAGT	
Tpin Ⅱ-F2	TGGATTTGGTTAATGAAATGCATCTG	215
Tpin Ⅱ-R2	TGGATTGGCCAACTTAATTAATGTATGAAA	
PAT-F	GAAGGCTAGGAACGCTTACGA	262
PAT-R	CCAAAAACCAACATCATGCCA	

（续表）

引物名称	引物序列（5′-3′）	产物长度（bp）
PAHAS-F	ACTTTCACAAATGAGTGTTTATCTCAGC	226
PAHAS-R	GGCTTATTGTCTCAAAAGATTAGTGCTT	
Bt-F	GAAGGATTGAGCAATCTCTAC	301
Bt-R	CGATCAGCCTAGTAAGGTCGT	
Lec-1672F	GGGTGAGGATAGGGTTCTCTG	210
Lec-1881R	GCGATCGAGTAGTGAGAGTCG	

3. 转基因大豆转化体

本研究主要材料由农业农村部科技发展中心提供。

研究涉及 19 种转基因大豆转化体，包括转基因大豆 A2704-12、A5547-127、CV127、DAS-44406-6、DAS-81419-2、DBN9004、DP305423、DP356043、FG72、GTS40-3-2、MON87701、MON87705、MON87708、MON87751、MON87769-7、MON89788、SHZD32-1、SYHT0H2 和中黄 6106。

（二）方 法

1. 转基因大豆筛查方案开发

通过收集整理相关转化体的分子特征信息，获得转基因大豆独立转化体的外源转化元件信息。全面分析其组成情况和使用频率，同时结合我国转基因检测相关标准方法，进而确定一套检测靶标数量较少且覆盖全面的筛查方案。

2. 筛查方案验证

依研究建立的转基因大豆筛查方案，根据试验样品的可获得性，遵循国家标准优先的原则，对我国批准进口或颁发农业转基因生物安全证书的 19 种转基因大豆样品进行定性 PCR 检测，验证建立筛查方案的适用性。

二、结 果

（一）转基因大豆筛查方案开发

1. 转基因大豆转化体信息

全面收集转基因大豆转化体信息，国际农业生物技术应用服务组织

（ISAAA）收录的全球商业化转基因大豆包括独立转化体 26 种，复合性状转化体 16 种（http：//www. isaaa. org/gmapprovaldatabase/default. asp）。以上 42 种转基因大豆中有 16 种获得我国转基因生物安全证书（表6-3）。此外，我国自主研发的极具产业化前景的转基因大豆有 SHZD32-1、SYHT0H2 和中黄 6106 三种转化体。

表6-3　转基因大豆转化体信息

类型	中国授权情况	数量	名称
独立转化体	批准	16	A2704-12、A5547-127、CV127、DAS-44406-6、DAS-81419-2、DP305423、DP356043、FG72、GTS 40-3-2、MON87701、MON87705、MON87708、MON87769、MON89788、MON87751、SYHT0H2
	未批准	10	A2704-21、A5547-35、DAS-68416-4、260-5、GU262、HB4、MON87712、W62、W98、GMB151
	自主研发、批准	3	SHZD32-1、Zhonghuang6106、DBN9004
复合性状转化体	批准	2	DP305423 × GTS 40-3-2、MON87701 × MON89788
	未批准	14	DAS68416-4 × MON89788、DAS81419 × DAS44406、HB4 × GTS 40-3-2、DP305423 × MON87708、DP305423 × MON87708 × MON89788、DP305423 × MON89788、FG72 × A5547-127、MON87705 × MON87708、MON87705 × MON87708 × MON89788、MON87705 × MON89788、MON87708 × MON89788、MON87708 × MON89788 × A5547-127、MON87751 × MON87701 × MON87708 × MON89788、MON87769 × MON89788

数据来源：农业农村部、国际农业生物技术应用服务组织。

2. 独立转化体构建基因信息分析

收集 29 种转基因大豆独立转化体构建基因信息，对 29 种独立转化体的转化元件，按启动子、基因和终止子三个类别进行分类统计（图6-1）。

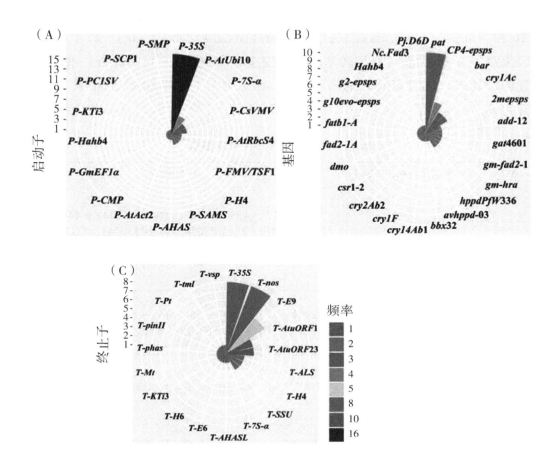

图 6-1 29 种转基因大豆独立转化体外源元件分布

3. 筛查参数确定

转基因大豆转化体构建基因和元件来源主要分两类，一是来自大豆本身的基因和元件，包括：$P-7S-\alpha$、$P-GmEF1-\alpha$、$P-SAMS$、$P-KTi3$、$T-7s-\alpha$、$T-ALS$、$T-SSU$、$T-KTi3$、$T-vsp$、$fad2-1A$、$fatb1-A$、$gm-fad2-1$ 和 $gm-hra$ 共 13 种，这些元件不能用作检测靶标，必须排除。二是来源于大豆之外的基因和元件，根据统计，可以将各个元件分为 5 个类别。第 1 类是高频元件，出现 10 次以上，包括 $P-35S$（16 次）和 pat（10 次）；第 2 类是中频元件，出现 5～9 次，包括 $T-nos$（8 次）、$T-35S$（8 次）和 $T-E9$（5 次）；第 3 类是低频元件，出现 2～4 次，比如 $P-AtUbi10$、$CP4-epsps$ 基因和 $T-AtuORF1$ 等 15 个元件。这 3 类元件将作为优先考虑的候选元件。第 4 类包括其他 37 个元件，仅出现 1 次，可用作对特定转化体检测时选用。

遵循出现频率和是否已有相应的检测方法的原则确定筛查靶标（图 6-2）。分析发现，$T-35S$ 完全可以被 $P-35S$ 取代，不作为候选靶标。选用 $P-35S$、pat、$T-E9$ 和 $T-nos$ 4 个元件即可覆盖大部分（23 种）转化体，作为首选检测靶标。进一步分析剩余 6 种转化体发现，检测 $cry1Ac$ 基因可以覆盖 MON87701 和 MON87751；DP356043 中 $T-pin\,II$ 的检测方法已有报道；本研究选择 $P-AHAS$ 作为 CV127 检测靶标。DP305423 转化体的 T-DNA 中全部使用大豆自身的 DNA 序列，只能使用 T-DNA 插入位点的特征序列进行检测。

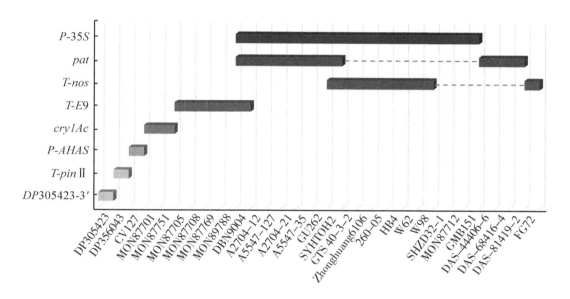

图 6-2 "8+1" 筛查方案中各检测靶标的覆盖度图谱

根据以上分析，研究确立转基因大豆筛查的 "8+1" 检测参数，包括 1 个大豆内标准基因 $Lectin$，外源筛查检测靶标 8 个，分别是 $P-35S$、$P-AHAS$、$cry1Ac$、pat、$T-nos$、$T-E9$、$T-pinII$ 和 DP305423 转化体特征序列。

4. 筛查检测方法选择

收集筛查参数检测方法（表 6-4），通过分析各元件检测方法信息中各对引物/探针序列对相应转化体插入序列的适用性，遵循国家标准优先的原则，建立转基因大豆的筛查方案，以实现 29 种转基因大豆独立转化体的全面筛查。

（二）筛查方案验证

根据建立的转基因大豆筛查方案，分析试验样品的可获得性，对我国批准进口

表 6-4 筛查参数检测方法信息

参数	名称	序列 (5'-3')	长度 (bp)	来源	选用
Lectin	Lec-1672F	GGGTGAGGATAGGGTTCTCTG	210	农业部 953 号公告-6-2007 (金芜军 等, 2007) DB12/T 506-2014 (黄凤军 等, 2014)	√
	Lec-1881R	GCCATCGAGTAGTGAGAGTCG			
	Lec-F1	GCCCTCTACTCCACCCCCATCC	118	农业部 1485 号公告-7-2010 (杨建波 等, 2010) SN/T 1195-2003 (蒋原 等, 2003)	
	Lec-R1	GCCCATCTGCAAGCCTTTTTGTG			
	Lec-F2	TCCCGAAGCAACCAAACAT-GATCCT	438	SN/T 1195-2003 (蒋原 等, 2003)	
	Lec-R2	TGATGGATCTGATAGSATT-GACGTT			
	Lec-F3	CAGCAATATCCTCTCCGATG	199	Park et al., 2015	
	Lec-R3	GGCCTCATGCAACACAAAGC			

（续表）

参数	名称	序列（5′–3′）	长度（bp）	来源	选用
P–35S	35S–F1	GCTCCTACAAATGCCATCATTGC	195	农业部1782号公告–3–2012（谢家建 等，2012）DB12/T 506–2014（黄凤军 等，2014）	√
	35S–R1	GATAGTGGGATTGTGCGTCATC-CC			
	35S–F2	GATAGTGGGATTGTGCGTCA	195	SN/T 1195 – 2003（蒋原 等，2003）	
	35S–R2	GCTCCTACAANTGCCATCA			
	35S–F3	CCACGTCTTCAAAGCAAGTGG	123	European Commission, 2010a	
	35S–R3	TCCTCTCCAAATGAAATGAACT-TCC			
	35S–F4	ACGTCAGGAATAAAGGAAGTA-CAGT	164	Park et al., 2015	
	35S–R4	TGGAAGTTGATTTATCTGAC-CAATG			

109

（续表）

参数	名称	序列（5'-3'）	长度（bp）	来源	选用
T-nos	NOS-F1	GAATCCTCGTTGCCGCGTCTTG	180	农业部 1782 号公告-3-2012（谢家建 等，2012）DB12/T 506-2014（黄凤军 等，2014）SN/T 1195-2003（蒋原 等，2003）	√
	NOS-R1	TTATCCTAGTTTGCGCGCTA			
	NOS-F2	GCATGACGTTATTTATGAGAT-GGG	118	European Commission，2010b	
	NOS-R2	GACACCGCCGCGGATAATT-TATCC			
	NOS-F3	CCTGTTGCCGGTCTTGCGAT	130	Park S-B et al.，2015	
	NOS-R3	TGTATAATTGCGGGACTCTAAT-CA			
pat	PAT-F1	GAAGGCTAGGAACGCTTACGA	262	农业部 1782 号公告-6-2012（路兴波 等，2012）DB12/T 506-2014（黄凤军 等，2014）	√
	PAT-R1	CCAAAAACCAACATCATGCCA			
T-pin II	T-Pin II-F1	CCTAGACTTGTCCATCTTCTGG	109	Park et al.，2015	
	T-Pin II-R1	CACACAACTTTGATGCCCAC			
	T-Pin II-F2	TGGATTTGGTTAATGAAATG-CATCTG	215	本研究设计	√
	T-Pin II-R2	TGGATTGGCCAACTTAATTAAT-GTATGAAA			

（续表）

参数	名称	序列（5'-3'）	长度（bp）	来源	选用
P-AHAS	PAHAS-F	ACTTTCACAAATGAGTGTT-TATCTCAGC	226	本研究设计	√
	PAHAS-R	GGCTTATTGTCTCAAAAGATT-AGTGCTT			
cry1Ac	Bt-F	GAAGGATTGAGGCAATCTCTAC	301	农业部 1485 号公告-11-2010（孙红炜 等，2010）农业部 953 号公告-6-2007（金芜军 等，2007）DB12/T 506-2014（黄凤军 等，2014）	√
	Bt-R	CGATCAGCCTACTAAGGTCGT			
DP305-423-3'	305423-F1	CGTCAGGAATAAAGGAAGTA-CAGTA	235	农业部 1782 号公告-4-2012（张帅 等，2012）	√
	305423-R1	GCCCTAAAGGATGCGTATAGAGT			
	305423-F2	ACGTCAGGAATAAAGGAAGTA-CAGT	164	Park et al.，2015	
	305423-R2	TGGAAGTTGATTTATGTGAC-CAATG			
T-E9	Te9-F2	GCATTCAGTTTCATTGCGCAC	168	Park et al.，2015	
	Te9-R2	CATTCATTAACTCTTCTCCATCC			
	Te9-F3	CGCACACCAGAATCCTACTGA	285	本研究设计	√
	Te9-R3	AGGCCACGATTTGACACA			

或颁发农业转基因生物安全证书的 19 种转基因大豆样品进行定性 PCR 检测，验证结果如图 6-3 所示。从图 6-3 可以看出，19 种转基因大豆均检出内标基因，不同转基因大豆由于转化体结构的不同，仅检出对应的外源元件，检测结果与图 6-2 筛选基因覆盖情况一致。

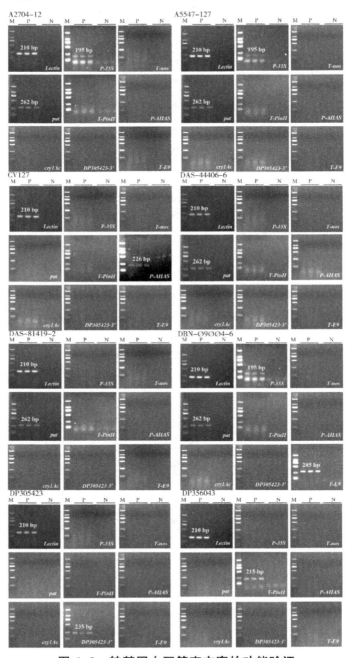

图 6-3　转基因大豆筛查方案的功能验证

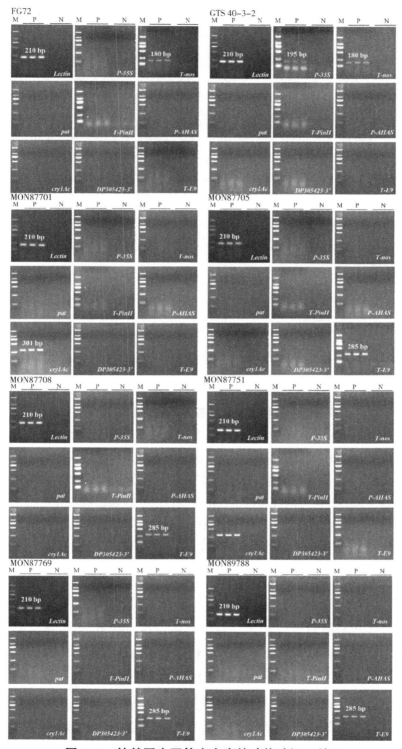

图6-3　转基因大豆筛查方案的功能验证（续）

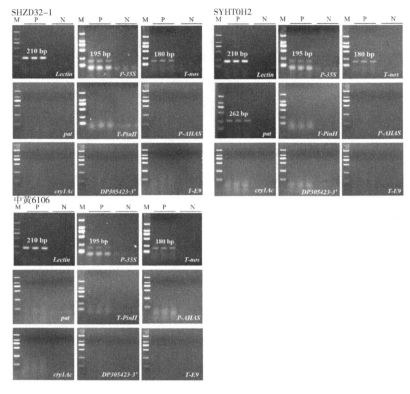

图6-3 转基因大豆筛查方案的功能验证（续）

注：泳道 M 为 DL2000 DNA Marker（从上至下，条带大小依次为 2 000 bp、1 500 bp、1 000 bp、750 bp、500 bp、250 bp 和 100 bp）；泳道 P 以相应的大豆转化体样品为模板；泳道 N 为阴性对照，其中用内标基因 Lectin 检测时以非转基因水稻样品为模板作为阴性对照，其他靶标以非转基因大豆样品为模板作为阴性对照。

三、小　结

研究通过收集整理相关转化体的分子特征信息，获得了 29 种转基因大豆独立转化体的外源转化元件信息。在全面分析其转化体基因元件组成情况及使用频率的基础上，结合我国转基因检测相关标准方法，从而确定一套检测靶标数量较少且覆盖全面的筛查方案，该方案理论上能够全面覆盖上述 29 种转基因大豆转化体以及今后发布的含有相关外源元件的转基因大豆，并且适用于这些转化体的杂交后代。验证表明可用于获得我国批准的转基因大豆的筛查检测。

第二节　转基因大豆筛查方案配套阳性物质的构建

覆盖广泛的筛查检测策略确定之后，配套标准阳性物质的获得成为制约快速检测的关键因素。标准物质是进行转基因检测的物质基础，应用标准物质可保证检测结果的准确性、可靠性和可比性。基体标准物质的研制和生产不仅制备流程烦琐，价格昂贵，还常常受原材料供应等方面的限制，特别是筛查检测参数来源于不同的转化体或涉及未授权转化体时，基体标准物质的准备愈显困难。

含有特定检测序列的质粒阳性分子与基体阳性物质 DNA 等效，可用于转基因成分的检测。阳性质粒制备过程简单快捷、成本低廉。为满足转基因大豆筛查检测需要，本节主要开展转基因大豆筛查方案配套多靶标质粒分子的构建研究。

一、主要材料

（一）菌株和质粒

大肠杆菌（*Escherichia coli*）TOP10 菌株以及 pUC18 质粒，由农业农村部农作物生态环境安全监督检验测试中心（合肥）馈赠。

（二）主要试剂

10×PCR 缓冲液及 dNTPs 混合溶液［宝日医生物技术（北京）有限公司］；Axygen AxyPrep™微型质粒制备试剂盒［赛默飞世尔科技（中国）有限公司］；标准 DNA 分子 1 kb plus DNA Ladder 和 DL2000 DNA Marker［中科瑞泰（北京）生物科技有限公司］；限制性内切酶 *Eco*R Ⅰ、*Hind* Ⅲ、*Pst* Ⅰ等［赛默飞世尔科技（中国）有限公司］。DNA 序列合成委托南京金斯瑞生物科技有限公司完成。

（三）引　物

引物信息见表 6-5。

表 6-5　引物信息

引物名称	引物序列（5′-3′）	产物长度（bp）
Lec-1672F	GGGTGAGGATAGGGTTCTCTG	210
Lec-1881R	GCGATCGAGTAGTGAGAGTCG	

（续表）

引物名称	引物序列（5'-3'）	产物长度（bp）
35S-F	GCTCCTACAAATGCCATCATTGC	195
35S-R	GATAGTGGGATTGTGCGTCATCCC	
NOS-F	GAATCCTGTTGCCGGTCTTG	180
NOS-R	TTATCCTAGTTTGCGCGCTA	
PAT-F	GAAGGCTAGGAACGCTTACGA	262
PAT-R	CCAAAAACCAACATCATGCCA	
TpinⅡ-F2	TGGATTTGGTTAATGAAATGCATCTG	215
TpinⅡ-R2	TGGATTGGCCAACTTAATTAATGTATGAAA	
PAHAS-F	ACTTTCACAAATGAGTGTTTATCTCAGC	226
PAHAS-R	GGCTTATTGTCTCAAAAGATTAGTGCTT	
Bt-F	GAAGGATTGAGCAATCTCTAC	301
Bt-R	CGATCAGCCTAGTAAGGTCGT	
305423-F	CGTCAGGAATAAAGGAAGTACAGTA	235
305423-R	GCCCTAAAGGATGCGTATAGAGT	
Te9-F	CGCACACACCAGAATCCTACTGA	285
Te9-R	AGGCCACGATTTGACACA	

二、方 法

（一）质粒外源序列设计和合成

根据上一节建立的筛查方案，将大豆内源基因 *Lectin* 和 8 种检测靶标 *P-35S*、*T-nos*、*pat*、*T-pin*Ⅱ、*P-AHAS*、*cry*1*Ac*、DP305423 和 *T-E9* 的检测序列按顺序排列，该序列全长 4 356 bp（图 6-4）。

在不同元件拼接处加入 *Hind*Ⅲ、*Cla*Ⅰ、*Nco*Ⅰ、*Xho*Ⅰ、*Sph*Ⅰ、*Bgl*Ⅱ、*Pst*Ⅰ、*Sac*Ⅰ 等限制性内切酶识别位点，可以用于后期更新或扩展（图 6-5）。将拼接好的序列进行化学合成，并克隆至 pUC18 载体的 *Hind*Ⅲ 和 *Sac*Ⅰ 位点之间，获得 pDDSC-1910 质粒。

```
    1 AAGCTTGGGT GAGGATAGGG TTCTCTGCTG CCACGGGACT CGACATACCT GGGGAATCGC ATGACGTGCT TTCTTGGTCT TTTGCTTCCA ATTTGCCACA
  101 CGCTAGCAGT AACATTGATC CTTTGGATCT TACAAGGTTT GTGTTGACAT AGGCCATATG AATGTGACAG ATCGAAGGAA GAAAGTGTAA TAAGACGACT        Lectin
  201 CTCACTACTC GATCGCGCCC TCTACTCCAC CCCCATCCAC ATTTGGGACA AAGAAACCGG TAGCGTTGCC AGCTTCGCCG CTTCCTTCAA CTTCACCTTG
  301 TATGCCCCTG ACACAAAAAG GCTTGCAGAT GGGCTTCTGC TCTTTCTCGC ACCAATTGAC ACTAAGCCAC ATAGACATGG GATCTTATCTT GGTCTTTTCA
  401 ACGAAAACGA GTCTGGTGAT CAAGTCGTCG CTGTTGAGTT TGAAATCGATG TGGCTCCTAC AAATGCCATC ATTGCGATAA AGGAAAGGCT ATCATTCAAG       P-35S
  501 ATGCCTCTGC CGACAGTGGT CCCAAAGATG GACCCCCACC CACGAGGAGC ATCGTGGAAA AAGAAGACGT TCCAACCACG TCTTCAAAGC AAGTGGATTG
  601 ATGTGACATC TCCACTGACG TAAGGGATGA CGCACAATCC CACTATCCTT CGCAAGACCC TTCCTCTATA TAAGGAAGTT CATTTCATTT GGAGAGAACT
  701 GATCGTTCAA ACATTTGGCA ATAAAGTTTC TTTAGATTGA ATCCTGTTGC CGGTCTTGCG ATGATTATCA TATAATTTCT GTTGAATTAC GTTAAGCATG       T-nos
  801 TAATAATTAA CATGTAATGC ATGACGGTAT TATGAGAATATA CATTTAATAC GCGATAGAAA ACAAAATATA ATAAAAATA
  901 GCGCGCAAAC TAGGATAAAT TATCGCGCGC GGTGTCATCT ATGTTACTAG ATCGGCCATG GTCAGATTTG GGTAACTGGC CTAACTGGCC TTGAGGAGC
 1001 TGGCAACTCA AACTCCCTTT GCCAAAAACC AACATCATGC CATCCACCAT GCTTGTATCC GTCGTGGACC AATGCTACCC TGGCTGTTCA TCCATGGATC        pat
 1101 TCATGCAACC TAACAGATGG ATCGTTTGGA AGGCCTATAA CAGCACCACG AGACTTAAAA CCTTGCGCCT CCATAGACTT AAGCAAATGT GTGTACAATG
 1201 TGGAACCTAG GCCCAACCTT TGATGCCTAT GTGACAGCTA AACAGTACTC TCAACTGTCC AATCGTAAGC GTTCCTAGCC TTCCAGGGCC CAGCGTAACG
 1301 AATACCAGCC ACAACACCCT CAACCTCAGC AACAAACCTA CTTGCAAACT CCCGTATCAC AAACGCGGCC ATATCAGCTG CTGTAGCTGG CCTAATCTCA
 1401 GTCCTAAGGT TCACTGTAGA CGTCTCAATG TAATGGTTAA CGATATCACA AACCGCGGCC ATATCAGCTG CTGTAGCTGG CCTAATCTCA ACTGGTCTCC
 1501 TCTCCGGAGA CATGTCGAAC TCGAGGCAAA ACACACCTAG ACTAGATTTG TTTTGCTAAC CCAATTATAT ATGATTATAA TTTTATATGA TTTATATGTA       T-pin II
 1601 TATGGATTTG GTTAATGAAA TGCATCTGGT TCATCAAAGA ATTATAAAGA CACGTGACAT TCATTTAGGA TAAGAAAAAT GGATGATCTC TTTCTCTTTT
 1701 ATTCAGATAA CTAGTAATTA CACATAACAC AACCTTTGAA TGCCCACATT ATAGTGATTA AGCATGTGCA CCTTTTATTT CATACATTAA
 1801 TTAAGTTGGC CAATCCACAGAA GATGGACAAG TCTAGGGCAT GCGGTTTTAT GTTGGATTAC GAAAATGCCC TCGGGATTTG ATTTTTGGTC TTTCTATTTAT
 1901 AGATAAAACT CACGTGACGC TGGAATCTCT AGTCTATCTA TTGTATTTGT GATTGAGCCT TCGATATGCT AAAACCTAAA TGTAGAATTG TTGGCTGAGA
 2001 AATTTATCAA ATTGATCTTT CTTTCTTTTT TGTGGTTA AGGCA TACAAGCTAC GGCTTCCTGCA TAATCAAGA ACAAAAACAA ACAAAAACAA
 2101 ATTTGAGATT TAGATTTTAA AGATACTTCT TGATGACAAT ATAATTTGTA TACATGAATA AAAAACTTAT AAGGTCTATA AGGAACAAGA GATAAGTGAA       P-AHAS
 2201 AATGGAAATAA GAATGGAGAA TTTGATCTCC ATAAACAATAA AGAAAGGCTG AGCTTCCTCA AAGGGATCTG TACTACATTC GGTTCGTTCT GTGTTCTTGT
 2301 CTCCTCCGGAG CATTGCCTGT AGCGCGATTC AGAGTTTAGA AACTTTCACA AATGAGTGTT TATCTCAGCA TTTCTTGCAT GAAACAACCC AACATGCATT
 2401 ACAGAAACAT GGAACAGAGA CTCCATCACT GAACAAACAA AAAACTCATG GGACGAATAG ATATAATAAA GATACAAGGA
 2501 GACAGAAGCG TGTCGATAGC AGAAGCAATG GAGACAGCAA AGCACTAATC TTTTGAGACA ATAAGCCAAG ATCTGAAGGA TTGAGCAATC TCTACCAAAT       cry1Ac
 2601 CTATGCGAGA AGCTTCAGAG AGTGGGAAGC CGATCCTACT AACCCAGCTC TCCGGGAGGA AATGCGTATT CATTCAACG ACATGAACAG CGCCTTGACC
 2701 ACAGCTATCC CATTGTTCGC AGTGCAGAAC TACTCTGTTC CTGTTCTCTC GGTGATACCT CAGGATACGC CATCCTCAGG TGCTTCTGTG CCGAGGTGTTCG
 2801 GCGTGTTTGG GCAAAGGTGG GGATTGCATG CTGCAACCAT CAATAGCCGT TACAACGACC TTACTAGGCT GATTGGAAAC TACACCGAGC ACGCTGTTCG
 2901 TTGGCACAAC ACTGGCCTCG AGACCTCTGC TTCGACGAT TCTTGACATT GGATTAGATA GCACCTGCAC TGCCCTGCAC TGCACCTCGTG
 3001 ATTGTGTCTC TCTTCCCGAA CTATGACTCG AGAACCTACC CTATCCGTAC AGTGTCCCAA CTTACCAGAG AAATCTATAC TAACCCAGTT CTTGAGAACT
 3101 TCGACGGTAG CTTCCGTGGT CTGCCCAAG GTATCGAAGG CTCCATCAGG AGCCCACACT TGATGGACAT CTTGAACAGC ATAACTATCT ACACCGATGC
 3201 TCACAGAGGA GAGTATTACT GGTCTGGACA TTGGATTCTG CTTGGATTCTG TTAAGTGGGG CTATGATTAT ATGAAATATT TAGACTGATA ATTAAATTCT       DP305423-3'
 3301 GAATAAGCAA TGTTGGGAGA ATCGGGACTA CTTATAGGAT AGGAATAAAA CAGAAAAGTA TTGCATCGATA ATGAAATATT TAGACTGATA ATTAAATTCT
 3401 TCACGTATGT CCACTTGATA TAAAAACGTC TATGGAACAT AGATCTCTTT TTATACTCTT TTACACATAAT CCGTGTTCTC TTTTGGCTA CGAGCCAGTA
 3501 GCTAGTGTTT TTTTCTCGAC TTTTGTATGA AAATCATTTG TGTCAATAGT TGTGTTATG TATTCATTGG TGCACATAAT CAACTTCCAA ATTTCAATAT
 3601 TAACTATAGC AGCCAGGTTA GAAATTCAGA ATCATGTTAC TCTATACGCA TCCTTTAGGG CATTTGGTTG AGAGAAGAAA TAGATAGGAAG AAGTAGGTAG        T-E9
 3701 ATGCGAACTT AAGTCGTTCG TATCATCGAT TTCGACAAGCG AGTTTCGTTC CATCGACACC AGAAACCTAC AGAAATCCTAC TGAGTTTGAG
 3801 TATTATGGCA TTGGGAAAAC TGTTTTTCTT GTACCATTTG TTGTGCTTGT AATTTACTGT GTTTTTTATT CGGTTTCGC TATCGAACTG TGAAATGGAA
 3901 ATGGATGGAG AAGAGTTAAT GAATGTATG TCCTTTTCTT TCATTCTCAA ATTAATATTA TTTGTGTTGT TTGTGTTGTG AATTTGAAAT
 4001 TATAAGAGAT ATGCAAACAT TTTGTTTGA GTAAAAATGT GTCAAATCGT GGCCTCTAAT GACCGAAGTT AATATGAGGA GTAAAACACT TGTAGTTGTA
 4101 CCATTATGCT TATTCACTGA TGCACAAAAT TATTTTCAGA CATTTACTTTT TAGATCTATT TACTGAATAC AAGTATGTCC TCTTGTGTTT TAGACATTTA
 4201 TGAACTTTCC TTTATGTAAT TTTCCAGAAT CCTTGTCAGA TTCTAACATA TGCTTTATAA TTATAGTTAT ACTCATGGAT TTGTAGTTGA GTATGAAAAT
 4301 ATTTTTTAAT GCATTTTATG ACTTGCCAAT TGATTGACAA CATGCATCAA GTCGAC
```

图6-4　pDDSC-1910质粒的插入序列

注：主要限制位点以粗体字和下划线表示。

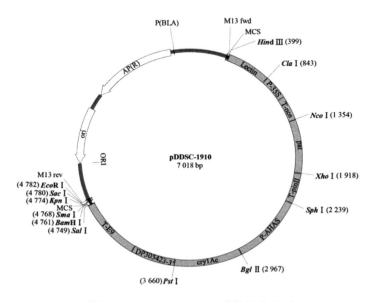

图6-5　pDDSC-1910质粒结构示意

（二）质粒保存与提取

1. 质粒预处理

质粒冻干粉解冻后，12 000 r/min 离心 5 min，于管底加入 40 μL 灭菌 ddH$_2$O，混匀，离心收集质粒溶液。

2. 大肠杆菌 TG1 感受态细胞的制备

（1）在无抗性 LB 固体培养基上划线接种大肠杆菌 TG1 菌株，37 ℃过夜培养。

（2）挑取单菌落接种于 3 mL 无抗性液体 LB 培养基中，37 ℃，200 r/min 过夜培养。

（3）将菌液按 1∶1 000 转接至 100 mL 无抗性液体 LB 培养基中，37 ℃，200 r/min 振荡培养至 OD$_{600}$值为 0.8，冰浴 5 min。

（4）离心菌液，4 ℃，4 000 r/min，10 min。

（5）弃上清，制备 30 mL 细胞沉淀重悬液（100 mmol/L CaCl$_2$溶液），冰浴 5 min，4 ℃，4 000 r/min 离心 10 min。

（6）弃上清，重复步骤（5）。

（7）加入 2 mL 预冷的 0.1 mol/L CaCl$_2$溶液（含 10%甘油），轻缓重悬菌体。以 100 μL/管分装，置于液氮速冻，保存于−80 ℃超低温冰箱。

含有 pDDSC-1910 质粒的大肠杆菌 TOP10 菌株命名为 T10pDDSC-1910，用于质粒的保存或扩繁。

3. 大肠杆菌 TG1 的热激转化

（1）取 TG1 感受态细胞于冰上解冻，加入经过处理的 1.5 μL 质粒溶液，混匀，冰浴 30 min。

（2）42 ℃热激 90 s，冰浴 3 min。

（3）加入 800 μL 无抗性液体 LB 培养基，混匀，37 ℃，200 r/min 振荡培养 1 h。

（4）将菌液离心，4 000 r/min，3.5 min。

（5）留 100 μL 上清，重悬菌体。

（6）将重悬液均匀涂布在含氨苄抗性的 LB 固体培养基上，37 ℃培养 10～12 h，观察是否长出单菌落。

4. 质粒提取

（1）挑取单菌落接种于 3 mL 含氨苄抗性的液体 LB 培养基中，37 ℃，200 r/min 过夜培养。取 500 μL 菌液制成甘油菌，将此菌株命名为 TpGMOIT-1，用于质粒的保存和扩繁。

（2）使用 Axygen AxyPrep™ 质粒小量提取试剂盒提取质粒分子，-20 ℃保存。

（三）质粒双酶切验证

使用超微量核酸蛋白检测仪检测质粒 DNA 的浓度和纯度。DNA 的 A_{260}/A_{280} 为 1.8～2.0，A_{260}/A_{230} 为 2.0～2.3。根据质粒构建时设定的酶切位点，用限制性内切酶 *EcoR* I 和 *Hind* III 配制酶切验证体系（表 6-6），37 ℃消化 30 min，对阳性质粒分子 pDDSC-1910 进行酶切验证。采用 1%琼脂糖凝胶电泳检测结果。

表 6-6　酶切验证体系

成分	体积（μL）
10× FastDigest Green Buffer	2
限制性内切酶 *EcoR* I	0.5
限制性内切酶 *Hind* III	0.5
质粒	5
无菌 ddH$_2$O	12
总计	20

（四）测序验证

质粒分子 pDDSC-1910 委托生工生物工程（上海）股份有限公司进行测序。测序结果利用 SnapGene 4.2.4 软件进行比对，验证质粒分子序列的正确性。

（五）阳性质粒分子 pDDSC-1910 的功能验证

根据 pDDSC-1910 质粒的分子质量（4.33×10^6 Da），依下式计算其拷贝数（copies）。根据计算结果，将 pDDSC-1910 质粒依次稀释成拷贝数 1 000 个/μL、100 个/μL、40 个/μL 和 20 个/μL 4 个浓度梯度。

$$k = \frac{1 \times 10^4 \times M}{C_0}$$

式中：k 为稀释比例；M 为单个质粒分子质量，ng；C_0 为所测质粒原液质量浓度，ng/μL；1×10^4 为稀释后浓度，个/μL。

以质粒梯度稀释液为模板，利用相应的表 6-5 中引物进行 PCR 检测，反应体系见表 6-7，反应程序见表 6-8，确认该质粒的可用性，并判断其用于普通 PCR 定性检测的适宜质粒浓度。

表 6-7　普通 PCR 反应体系

成分	体积（μL）
Taq 预混液	12.5
正向引物	1.0
反向引物	1.0
模板（DNA）	2.0
ddH$_2$O	8.5
总计	25

表 6-8　普通 PCR 反应程序

温度（℃）	时间	
94	5 min	
94	30 s	
58	30 s	35 个循环
72	30 s	
72	7 min	

三、结　果

（一）酶切结果

使用限制性内切酶 *Eco*R Ⅰ 和 *Hind* Ⅲ 双酶切 pDDSC-1910 质粒，结果获得约 4 500 bp 和 2 600 bp 的条带，与预期的 4 383 bp 和 2 635 bp 相符，说明插入片段正确（图 6-6）。

（二）测序结果

委托生工生物工程（上海）股份有限公司对 pDDSC-1910 进行序列测定，测序结果利用 SnapGene 4.2.4 软件进行比对，结果表明质粒序列与设计序列一致（图 6-7）。

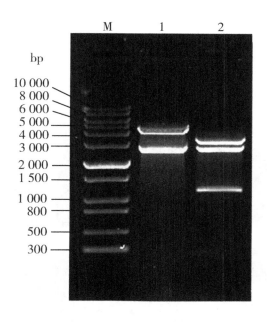

图6-6　pDDSC-1910质粒的酶切鉴定图谱

　　注：用 *Hind*Ⅲ 和 *Eco*R Ⅰ 双酶切 pDDSC-1910 质粒，产生的条带与预期的 4 383 bp 和 2 635 bp 相符（泳道1）。向反应体系中进一步加入 *Pst* Ⅰ 后，继续酶切，结果将 4 383 bp 的条带进一步消化成两个条带，与预期的 3 261 bp 和 1 122 bp 相符（泳道2）。泳道 M 为 1 kb plus DNA Ladder。

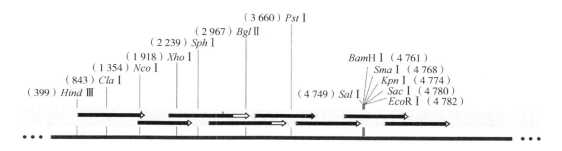

图6-7　pDDSC-1910质粒测序结果拼接图谱

（三）阳性质粒分子 pDDSC-1910 的功能验证

　　使用不同浓度的 pDDSC-1910 质粒样品作为模板，对质粒包含的9种靶标序列进行 PCR 检测，验证质粒的可用性和灵敏度。结果显示，相应的引物均能成功扩增出预期片段，且对较低的质粒拷贝数（40 个／μL）也能获得理想的扩增结果（图6-8）。个别引物甚至可以较好地检测出 20 个拷贝数的模板序列，比如 T-E9 引物组合。综上结果，pDDSC-1910 质粒适合用作转基因大豆普通 PCR 筛查检测的质控样品。

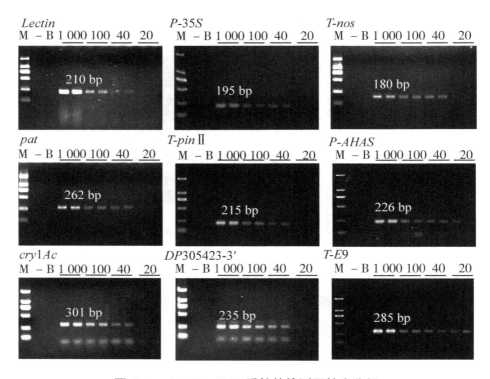

图 6-8　pDDSC-1910 质粒的检测灵敏度分析

注：泳道 M 为 DL2000 DNA Marker（条带由上至下分别为 2 000 bp、1 000 bp、750 bp、500 bp、250 bp 及 100 bp）；泳道 B 为空白对照，以 ddH_2O 为模板；泳道"-"为阴性对照，以原始 pUC18 质粒为模板；泳道"1 000""100""40""20"的模板分别对应 1 000 个、100 个、40 个和 20 个拷贝的 pDDSC-1910 质粒。

四、小　结

在对转基因作物及其产品进行成分检测的过程中，必须设置相应的阳性对照用于对检测结果的判定。常用的核酸阳性对照通常有 2 种（Fraiture et al.，2015），一种是特定的转基因作物转化体的基因组 DNA（genomic DNA，gDNA），目前，很多国家都在研发这类基因组 DNA 的标准物质（certified reference materials，CRMs），其中，比较有代表性的是欧洲标准物质和测量研究所委员会（Institute for Reference Materials and Measurements European Commission，IRMM）研发的一系列的标准物质。这类阳性对照物质最具代表性，但是其制备流程烦琐，价格昂贵（Corbisier et al.，2005）。另一种是含有特定检测序列的质粒分子。质粒分子既可以包括一种特异性检测序列，称为单靶标检测质粒（single target plasmid，STP），也可以包括多种特异性检测序列，称为多靶标检测质粒（multiple targets plasmid，MTP）。研究表明，上述质粒分子作为阳性分子时，效果与 gDNA 一致，可以作为理想的 gDNA 替代品（Taverniers et al.，2004）。当然，质粒分子作为阳性对照还有诸多优势，比如制备过程简单快捷，且成本低廉。尤其是 MTP 不仅可以同时包含一个物种的多种靶标序列，还可以包含不同物种的靶标序列，具有极大的灵活性，可以自由定制。因此，构建合理的 MTP 作为阳性质粒分子是目前转基因成分检测领域的重要研究内容。

本研究根据前期建立的转基因大豆筛查方案，将 8 种靶标的检测序列逐一列出，然后按顺序排列。再加入大豆凝集素基因 *Lectin* 的检测序列，该基因作为大豆内标准基因，可用于判别被测样品中是否含有大豆成分。在不同元件拼接处加入相应的限制性内切酶识别位点。最后，将拼接好的序列进行化学合成，并克隆至 pUC18 载体的 *Hind* Ⅲ 和 *Sac* Ⅰ 位点之间，获得 pDDSC‑1910 质粒，具有重要的应用价值。

第三节 转基因大豆转化体鉴定多靶标阳性物质的构建

转基因成分筛查检测的结果只能表明试样中是否含有转基因成分，具体身份的确定，需要全面准备相应的阳性物质，进一步进行转化体鉴定。目前，已有多种大豆转化体的多靶标质粒分子（MTP）被报道，这些 MTP 主要分为两类，一类是针对单一转化体，但含有多个检测靶标序列的 MTP 分子，该质粒包含特定转化体的多个特征序列，还有相应的大豆内标准基因等。比如，MON89788 的检测质粒，包含大豆内标准基因（大豆凝集素基因 *Lectin*）的检测序列以及 MON89788 的 T‑DNA 插入位点两端的特征序列（李飞武 等，2010）。2 种 GTS 40‑3‑2 检测阳性质粒对比结果发现对靶标序列的适当间隔有利于提高检测的可靠性和特异性（Zhang et al.，2008）。目前，我国已批准并在售的转基因大豆标准质粒只有一种——GBW10092，可用于对 MON89788 的检测和筛查（http://www.ncrm.org.cn）。另一类是针对多个转化体的 MTP 分子。阳性质粒 pSOY 包含 MON89788-5、A2704-12-3、A5547-127-3、DP356043-5、DP305423-3、A2704-12-5 和 A5547-127-5 等的特征序列，可用于对这几种转化体及其衍生物进行筛查（Pi et al.，2015）。综上所述，已有的用于转基因大豆转化体特异性筛查的阳性质粒分子种类不多，并且能够检测的转化体数量较少，无法满足目前转基因大豆品种推新和监测需求。

针对我国当前转基因检测阳性物质获得困难、制备复杂现状，构建了 1 个可编辑的、涵盖 18 种转化体的多靶标质粒 pDDID-1905。该质粒包含我国 2019 年前已经批准进口（食用或饲用）的 14 种独立转基因大豆转化体，3 种已发布转基因植物及其成分检测国家标准可能批准进口的重要转化体，以及我国具有自主知识产权的重要转化体 SHZD32-1 的特征序列。该质粒也适用于我国批准进口的 DP305423×GTS 40-3-2 和 MON87701×MON89788 杂交品系鉴定。具有覆盖全面适用性强的特点，能显著提高检测效率。

一、材料与方法

（一）试验材料

试剂：预混液 *Taq*（*Ex Taq* Version 2.0）（TaKaRa Bio Inc.，日本）；AxyPrep™ 微型质粒制备试剂盒（Axygen Scientific Inc.，美国）；限制性内切酶 *Eco*R Ⅰ、*Hind* Ⅲ、*Xho* Ⅰ（Thermo Fisher Scientific Inc.，美国）；标准 DNA 分子 1 kb plus DNA Ladder 和 DL2000 DNA 标志物 [中科瑞泰（北京）生物科技有限公司，中国]。DNA 序列由南京金斯瑞生物科技有限公司合成。

大肠杆菌 TOP10 菌株以及 pUC18 质粒 [由农业农村部农作物生态环境安全监督检验测试中心（合肥）提供]。

（二）试验方法

1. 信息收集

根据农业农村部每年发布的《农业转基因生物安全证书（进口）批准清单》，统计我国已经批准进口的转基因大豆转化体（http://www.moa.gov.cn/ztzl/zjyqwgz/spxx/）。根据农业农村部发布的转基因植物及其成分检测的国家标准，统计我国已经建立检测标准的转基因大豆转化体。

2. pDDID-1905 质粒的构建与鉴定

收集上述大豆转化体的特征序列。将这些转化体的特征序列以及 1 个大豆的内

标准基因 *Lectin* 的检测序列（用于判别被测样品是否含有大豆成分）拼接，进行人工合成后，克隆至 pUC18 载体的 *Eco*R Ⅰ 和 *Hind* Ⅲ 位点之间，获得 pDDID-1905 质粒。含有 pDDID-1905 质粒的大肠杆菌 TOP10 菌株命名为 T10pDDID-1905，用于质粒的保存或扩繁。

将 T10pDDID-1905 菌株在含有 100 μg/L 的 LB（Luria-Bertani）固体培养基上划线，并于 37 ℃条件下过夜培养。挑取单克隆，接入 100 μg/L 的 LB 液体培养基，于 37 ℃条件下，以 250 r/min 振荡培养 12 h。提取质粒，并进行限制性内切酶消化。

3. pDDID-1905 质粒的定量与稀释

利用 NanoDrop™ 紫外分光光度计测定质粒 DNA 的浓度。然后，根据 pDDID-1905 质粒的分子量（4.64×10⁶ Da），计算其拷贝数（copies）。根据下式的计算结果，将质粒 DNA 稀释为 1×10⁴ 个/μL。稀释好的质粒置于-20 ℃冰箱保存，备用。

$$k = \frac{10\ 000 \times M}{C_0}$$

式中：k 为稀释比例；M 为单个质粒分子量，ng；C_0 为所测质粒原液质量浓度，ng/μL。1×10⁴ 个/μL 为稀释比例。

4. pDDID-1905 质粒的应用

按照各个大豆转化体成分定性检测的国家标准，选择对应的引物进行 PCR 扩增，分别检测 pDDID-1905 质粒所含特征序列的可用性。PCR 反应体系和反应条件参照每个转化体成分定性检测国家标准中的描述。以 pDDID-1905 质粒作为阳性物质，对 1 种含有多种转基因成分的转基因大豆混合样品进行检测。该样品含有转基因大豆 A5547-127、CV127、DP305423、DAS-44406-6、DAS-68416-4、FG72、GTS40-3-2、MON87701、MON87705、MON87708、MON87751、MON87769、MON89788 和 SHZD32-1 的成分。

二、结　果

（一）转基因大豆的信息收集

经过数据统计发现，我国目前发布或在研发转基因成分检测标准的转基因大豆独立转化体共 18 种（表6-9），其中已批准进口 14 种独立转化体用于食品加工或饲料加工领域，包括 A2704-12、A5547-127、CV127、DAS-44406-6、DP305423、DP356043、FG72、GTS 40-3-2、MON87701、MON87705、MON87708、MON87769、MON89788 和 SYHT0H2；尚未被批准进口的转化体 3 种，包括 DAS-68416-4、DAS-81419-2 和

MON87751；我国自主研发且极具推广潜力的转化体 1 种（SHZD32-1）。

表 6-9　18 种独立转化体事件及其改良性状

序号	事件名称	外源基因	改良性状
1	A2704-12	*pat*	草铵膦抗性
2	A5547-127	*pat*	草铵膦抗性
3	CV127	*csr*1-2	咪唑啉酮类抗性
4	DAS-44406-6	*aad*-12、*pat*、2*mepsps*	2,4-二氯苯氧乙酸、草铵膦、草甘膦抗性
5	DP305423	*gm-fad*2-1（partial sequence）；*gm-hra*	脂肪酸改良；磺酰脲类抗性
6	DP356043	*gat*4601、*gm-hra*	草甘膦、磺酰脲类抗性
7	FG72	2*mepsps*、*hppdPF W*336	草甘膦抗性、对羟苯基丙酮酸双氧化酶抑制性除草剂抗性
8	GTS 40-3-2	*cp*4-*epsps*	草甘膦抗性
9	MON87701	*cry*1*Ac*	抗虫
10	MON87705	*cp*4 - *epsps*；*fad*2 - 1*A*、*fatb*1-*A*	草甘膦抗性；脂肪酸改良
11	MON87708	*dmo*、*cp*4-*epsps*	麦草畏、草甘膦抗性
12	MON87769	*cp*4-*epsps*；*Nc.Fad*3、*Pj. D6D*	草甘膦抗性；脂肪酸改良
13	MON89788	*cp*4-*epsps*	草甘膦抗性
14	SYHT0H2	*pat*、*avhppd*-03	草铵膦、硝磺草酮抗性
15	DAS-68416-4	*aad*-12、*pat*	2,4-二氯苯氧乙酸、草铵膦抗性
16	DAS-81419-2	*pat*；*cry*1*Ac*、*cry*1*F*	草铵膦抗性；抗虫
17	SHZD32-1	*G*10-*epsps*	草甘膦抗性
18	MON87751	*cry*1*A*. 105、*cry*2*Ab*2	抗虫

（二）pDDID-1905 质粒构建及其鉴定

将 18 种转基因大豆独立转化体的特征序列，以及 1 个内标准基因（大豆凝集素基因 *Lectin*）的靶标序列按顺序排列，该序列全长为 4 881 bp（图 6-9）。将该序列进行人工化学合成，然后将合成好的片段接入 pUC18 载体的 *Hind* Ⅲ 及 *Eco*R Ⅰ位点之间，获得 pDDID-1905 质粒（图 6-10）。该质粒中含有一些位点唯一的限制性内切酶识别位点，包括 *Hind* Ⅲ、*Age* Ⅰ、*Nco* Ⅰ、*Apa* Ⅰ、*Afl* Ⅱ、*Sal* Ⅰ、*Mlu* Ⅰ、*Xho* Ⅰ、*Kpn* Ⅰ、*Pfl*MⅠ、*Sac* Ⅰ、*Swa* Ⅰ以及 *Eco*R Ⅰ等，可用于后期更新或扩展。

```
   1   AAGCTTGGGT GAGGATAGGG TTCTCTGCTG CCACGGGACT CGACATACCT
  51   GGGGAATCGC ATGACGTGCT TTCTTGGTCT TTTGCTTCCA ATTTGCCACA
 101   CGCTAGCAGT AACATTGATC CTTTGGATCT TACAAGGTTT GTGTTGCATG
 151   AGGCCATCTA AATGTGACAG ATCGAAGGAA GAAAGTGTAA TAAGACGACT    Lectin
 201   CTCACTACTC GATCGCGCCC TCTACTCCAC CCCCATCCAC ATTTGGGACA
 251   AAGAAACCGG TAGCGTTGCC AGCTTCGCCG CTTCCTTCAA CTTCACCTTC
 301   TATGCCCCTG ACACAAAAAG GCTTGCAGAT GGGCTGAGGG GGTCAAAGAC
 351   CAAGAAGTGA GTTATTTATC AGCCAAGCAT TCTATTCTTC TTATGTCGGT
 401   GCGGGCCTCT TCGCTATTAC GCCAGCTGGC GAAAGGGGGA TGTGCTGCAA    A2704-12
 451   GGCGATTAAG TTGGGTAACG CCAGGGTTTT CCCAGTCACG ACGTTGTAAA
 501   ACGACGGCCA GTGAATACCC ATGGAGTCAA AGATTCAAAT AGAGGACCTA
 551   ACAGAACTCG CCGTAAAGAC TGGCGCCATT ATCGCCATTC CGCCACGATC
 601   ATTAAGGCTA TGGCGGCCGC AATGGCGCCG CCATATGAAA CCCGCAATGC
 651   CATCGCTATT TGGTGGCATT TTTCCAAAAA CCCGCAATGT CATACCGTCA
 701   TCGTTGTCAG AAGTAAGTTG GCCGCAGTGT TATCACTCAT GGTTATGGCA    A5547-127
 751   GCACTGCATA ATTCTCTTAC TGTCATGCCA TCCGTAAGAT GCTTTTCTGT
 801   GACTGGTGAG TACTCAACCA AGTCATTCTG AGAATAGTGT ATGCGGCGAC
 851   CGAGTTGCTC TTGCCCGGCG TCAATACGGG ATAATACCGC CCTTCGCCGT
 901   TTAGTGTATA GGAAAGCGCA AACTGATGTT TGGAAGCATG AAACGGCAAT
 951   AAAATATCAA AATCTTTATA TTAAAGCTGA ACAAAAGGGG CCCTCCTTAT    CV127
1 001   TTATCCCCTT AGTTTTTATT TTCATTTCTT TCTAATAAAG GGGCAAACTA
1 051   GTCTCGTAAT ATATTAGAGG TTAATTAAAT TTATATTCCT CAAATAAAAC
1 101   CCAATTTTCA TCCTTAAACG AACCTGCTGG GGCCTGACAT AGTAGCTTGC
1 151   TACTGGGGGT TCTTAAGCGT AGCCTGTGTC TTGCACTACT GCATGGGCCT
1 201   GGCGCACCCT ACGATTCAGT GTATATTTAT GTGTGATAAT GTCATGGGTT    DAS-44406-6
1 251   TTTATTGTTC TTGTTGTTTC CTCTTTAGGA ACTTACATGT AAACGGTAAG
1 301   GTCATCATGG AGGTCCGAAT AGTTTGAAAT TAGAAAGCTC GCAATTGAGG
1 351   TCTACAGGCC AAATTCGCTC TTAGCCGTAC AATATTACGT CAGGAATAAA
1 401   GGAAGTACAG TAGAATTTAA AGGTACTCTT TTTATATATA CCCGTGTTCT
1 451   CTTTTTGGCT AGCTAGTGTT TTTTTCTCGA CTTTTGTATG AAAATCATTT    DP305423
1 501   GTGTCAATAG TTTGTGTTAT GTATTCATTG GTCACATAAA TCAACTTCCA
1 551   AATTTCAATA TTAACTATAG CAGCCAGGTT AGAAATTCAG AATCATGTTA
1 601   CTCTATACGC ATCCTTTAGG GCCTTTTGCC CGAGGTCGTT AGGTCGAATA
1 651   GGCTAGGTTT ACGAAAAGA GACTAAGGCC GCTCTAGAGA TCCGTCAACA    DP356043
1 701   TGGTGGAGCA CGACACTCTC GTCTACTCCA AGAATATCAA AGATACAGTC
1 751   TCAGAAGACC AAAGGGCAGA TCTTCGGGCT GCAGGAATTA ATGTGGTTCA
1 801   TCCGTCTTTT TGTTAATGCG GTCATCAATA CGTGCCTCAA AGATTGCCAA    FG72
1 851   ATAGATTAAT GTGGTTCATC TCCCTATATG TTTTGCTTGT TGGATTTTGC
1 901   TATCACATGT TTATTGCTCC AAATTCAAAC CCTTCAATTT AACCGATGCT
1 951   AATGAGTTAT TTTTGCATGC TTTAATTTGT TTCTATCAAA TGTTTATTTT
2 001   TTTTTACTAG AAATAACTTA TTGCATTTCA TTCAAAATAA GATCATACAT
2 051   ACAGGTTAAA ATAAACATAG GGAACCCAAA TGGAAAAGGA AGGTGGCTCC    GTS 40-3-2
2 101   TACAAATGCC ATCATTGCGA TAAAGGAAAG GCTATCGTTC AAGATGCCTC
2 151   TGCCGACAGT GGTCCCAAAG ATGGACCCCC ACCACGAGG AGCATCGTGG
2 201   AAAAGAAGA CGTTCCAACC ACGTCTTCAA AGCAAGTGGA TTGATGTGAT
2 251   ATCTCCACTG ACGTAAGGGA TGACGCACAA TCCCACTATC CTTTGGTGAT
2 301   ATGAAGATAC ATGCTTAGCA TGCCCCAGGC ACGCTTAGTG TGTGTGTCAA
2 351   ACACTGATAG TTTAAACTGA AGGCGGGAAA CGACAATCTG ATCCCCATCA    MON87701
2 401   AGCATGATAT CGAATACCTG CAGCCCGGGG GATCCACTAG TTCTAGAGCG
```

图6-9　pDDID-1905 质粒中插入序列

```
2 451  GCCGCGTTAA CTGCAGGTCG ACGGATCCCA GTGATAACAA CACCCTGAGT
2 501  CTCTTCAATT GTAAATGGCT TCATGTCCGG GAAATCTACA TGGATCAGCA
2 551  ATGAGTATGA TGGTCAATAT GGAGAAAAAG AAAGAGTAAT TACCAATTTT     MON87705
2 601  TTTTCAATTC AAAAATGTAG ATGTCCGCAG CGTTATTATA AAATGAAAGT
2 651  ACATTTTGAT AAAACGACAA ATTACGATCC GTCGTATTTA TAGGCGAAAG
2 701  CAATAAACAA ATTATTCTAA TTCGGAAATC TTTATTTCGA CGTGTCTACA
2 751  TTCACGTCCA AATGGGGGCT TAGATGAGAA ACTTCACGAT TTGGCGCCAT
2 801  CATACTCATT GCTGATCCAT GTAGATTTCC CGGACTTTAG CTCAAAATGC
2 851  ATGTATTTAT TAGCGTTCTG TCTTTTCGTT AATTTGTTCT CATCATAATA     MON87708
2 901  TTGTGACAAA AATATAGCTA GGAAAGCATT CCATGCATAT TTTGTAAGCA
2 951  ATGAAGTATA TAGTGGATGC AATGTCTCTA TATATTCTCT AGTCGAGAAA
3 001  ATTGCGGACA GTTCTGAGAT TGATTGGCTA CGCGTCCGGA CATGAAGCCA
3 051  TTTACAATTG ACCATCATAC TCAAAACTTC ACGAGCAACT TGCTAATTTT
3 101  GGAAAAGAGA AAGAAAAGAC AAGTGTCGAG CATACACTTT AGATGCAACA     MON87769
3 151  AGCCTTCATA ATGGGCCATG AAGATGGTTT CCAAAAAGCT CTTTGCCAAA
3 201  TTCAATTGCT TGCTTTTGAG GTAGATTAA TGTTATTTGA TTGTTTGAAG
3 251  AATGTCAAGA ATGGGGAGTT GGTAAGGGAG TCTCAAATGG AGACTTTTGA
3 301  AGAGGCTTCT GGAAATGAGA CGACCTCCAA GGACTGCTCC ACTCTTCCTT
3 351  TTGGGCTTTT TTGTTTCCCG CTCTAGCGCT TCAATCGTGG TTATCAAGCT
3 401  CCAAACACTG ATAGTTTAAA CTGAAGGCGG GAAACGACAA TCTGATCCCC     MON89788
3 451  ATCAAGCTCT AGCTAGAGC GCCGCGTTAT CAAGCATCTG CAGGTCCTGC
3 501  TCGAGTGGAA GCTAATTCTC AGTCCAAAGC CTCAACAAGG TCAGGGTACA
3 551  GAGTCTGAGG CACCAACATT CTTGTGGTAA TATTAAATTT TCTGTTGACT
3 601  TTTTTTTACG TAAATGATAC TTGATTAGAA GATGACTAAT AAATGAAGGC
3 651  TTTACATATA CTACATAAGA AGGAGGTGGA GAAAGTGTAT GTAACCGACA
3 701  ACAAAAAACT AATAGGAATA TATAGGATGA AGAGATGAGA GAACCATCAC     SYHT0H2
3 751  AGAATTGACG CTTAGACAAC TTAATAACAC ATTGCGGATA GTTACTAGAT
3 801  CGGGAATTGG GTACCATGCC CGGCGGCCA GCATGGCCGT ATCCGCAATG
3 851  TGTTATTAGA TTGTCTAAAC CCTAAACCAA TGGCACCGC TACTTGCTCT
3 901  TGTCGTAAGT CAATAAATTA ATATAAAAA ATACTTAAAA CTTGTTACAA
3 951  CTAAATTAAA AATTTATTTT TAAATCATTC AAGCACCAGT CAGCATCATC     DAS-68416-4
4 001  ACACCAAAAG TTAGGCCCGA ATAGTTTGAA ATTAGAAAGC TCGCAATTGA
4 051  GGTCTACAGG CCAAATTCGC TCTTAGCCGT ACAATATTAC TCACCGGATC
4 101  CTAACCGCCC ATGTGAAGAA AATCCAACCA TTGGAATAAA AATAAAGTT
4 151  TTTTCTTTGG AATTGCTAAT GCTACACAC TTATTGGTAC TTGTCCTAAA
4 201  AATGAAACTC TAGCTATATT TAGCACTTGA TATTCATGAA TCAAACTTCT     DAS-81419-2
4 251  CTATGAAATA ACCGCGGTGC GCATCGGTGC CTGTTGATCC CGCGCAAGTT
4 301  GGGATCTTGA AGCAAGTTCC GCTCATCACT AAGTCGCTTA GCATGTTTGA
4 351  CCTTCTCGGG AGCAGCTTGA GCTTGGATCA GATTGTCGTT TCCCGCCATA
4 401  AGGGTGTATA CTATAGTTAG TTGTATATGG CTAGTACTAT GGCGGCGGTT
4 451  CCGACCACCA CGAGACCGTA GTACAACATG GGCATGCTGT TGCTCTTGGT     SHZD32-1
4 501  TGATGGAGAG GAGGGTGGAG GAGGGGATGA GATGGTGAAG GGGCTTAGAA
4 551  CATCACCCAT GATGGTTATA ATTTAGTGTT TTGGTGAAAT TCGGAGCTCT
4 601  AGAGGAATAG TTAGCGAATG TGACTCGAAC ATTGCACGAC TCCCATGACA
4 651  CCTGATATGT ATATATAGAT CCAGATGAGA GACTCACACG TACATTTTAC
4 701  TCATCCCAAT TATAAATACA TAAACACTAT AGAACACCAC TAAATTGCTC     MON87751
4 751  TTTGGAGTTT ATTTTGTAGA TATTTCCCCT CACTTTGGAG ATCTCCAGTC
4 801  AGCATCATCA CACCAAAAGT TAGGCCCGAA TAGTTTGAAA TTAGAAAGCT
4 851  CGCAATTGAG GTCTGTCATT TAAATGAATT C
```

图6-9　pDDID-1905质粒中插入序列（续）

注：主要限制性内切酶以加粗并加双下划线显示。

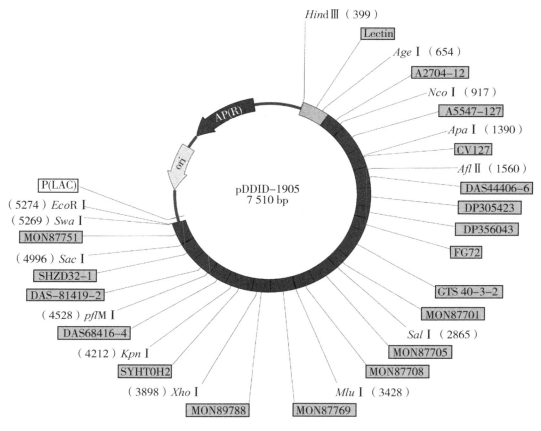

图 6-10　pDDID-1905 质粒示意

对 pDDID-1905 进行限制性内切酶消化。结果显示，经 *Eco*R I 和 *Hind* III 双酶切后，获得 2 条酶切产物，分别约 4 800 bp 和 2 600 bp；再向反应液中加入 *Xho* I 继续酶切，4 800 bp 的条带变成约 3 500 bp 和 1 300 bp 的条带（图 6-11）。该图谱与预期结果相符，说明插入片段正确。对 pDDID-1905 进行序列测定拼接，进一步确定其正确性。

（三）pDDID-1905 质粒功能验证

使用相应转化体的成分检测国家标准中的引物（表 6-10），对 pDDID-1905 质粒包含的 18 种转化体特征序列和 1 个内标准基因靶标序列进行 PCR 检测，以验证其可用性。结果显示，在含有 1 000 个质粒拷贝的 PCR 反应体系中，目的片段均能够获得理想的扩增，且扩增片段的大小与预期一致（图 6-12）。

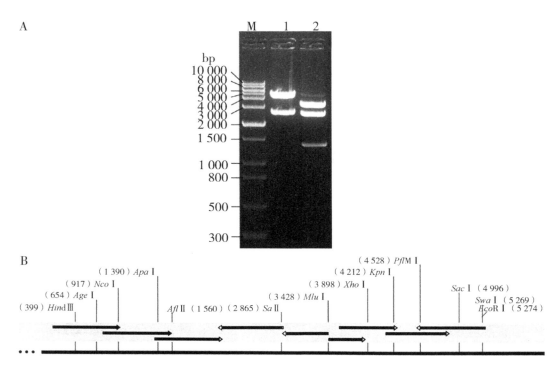

图 6-11　pDDID-1905 质粒的鉴定

注：A，pDDID-1905 质粒双酶切鉴定图谱。M：1 kb plus DNA ladder；泳道 1：*EcoR* Ⅰ 和 *Hind* Ⅲ 的双酶切图谱；泳道 2：*EcoR* Ⅰ、*Hind* Ⅲ 和 *Xho* Ⅰ 的三酶切图谱。B，pDDID-1905 质粒测序结果拼接。

表 6-10　19 种靶标序列 PCR 检测

序号	引物名称	引物序列（5′-3′）	产物长度（bp）	检测方法出处
1	Lec-1672F	GGGTGAGGATAG-GGTTCTCTG	210	农业部 2031 号公告-8-2013（张明 等，2013）
	Lec-1881R	GCGATCGAGTAGT-GAGAGTCG		
2	A2704-F	TGAGGGGGTCAA-AGACCAAG	239	农业部 1485 号公告-7-2010（杨建波 等，2010）
	A2704-R	CCAGTCTTTA-CGGCGAGT		
3	A5547-F	CGCCATTATCG-CCATTCC	317	农业部 1485 号公告-8-2010（杨立桃 等，2010）
	A5547-R	GCGGTATTAT-CCCGTATTGA		

（续表）

序号	引物名称	引物序列（5′-3′）	产物长度（bp）	检测方法 出处
4	CV127-F	CCTTCGCCGTTT-AGTGTATAGG	238	农业部 1782 号公告-5-2012 （王永 等，2012）
	CV127-R	AGCAGGTTCGTT-TAAGGATGAA		
5	44406-F	GGGGCCTGAC-ATAGTAGCT	259	农业农村部公告第 111 号-11-2018（王金胜 等，2018）
	44406-R	TAATATTGTACGG-CTAAGAGCGAA		
6	305423-F	CGTCAGGAATAAA-GGAAGTACAGTA	235	农业部 1782 号公告-4-2012 （张帅 等，2012）
	305423-R	GCCCTAAAGGA-TGCGTATAGAGT		
7	356043-F	CTTTTGCCCGA-GGTCGTTAG	145	农业部 1782 号公告-1-2012 （杨殿林 等，2012）
	356043-R	GCCCTTTGGTCT-TCTGAGACTG		
8	FG72-F	TCGGGCTGCAGG-AATTAATGT	150	农业部 2259 号公告-8-2015 （修伟明 等，2015）
	FG72-R	TTTGGAGCAATAA-ACATGTGATAGC		
9	GTS 40-3-2-F	TTCAAACCCTTCA-ATTTAACCGAT	370	农业部 1861 号公告-2-2012 （刘勇 等，2012）
	GTS 40-3-2-R	AAGGATAGTGG-GATTGTGCGTC		
10	MON87701-MF	GCACGCTTAGTGT-GTGTGTCAAAC	150	农业部 2259 号公告-7-2015 （张瑞英 等，2015）
	MON87701-MR	GGATCCGTCGAC-CTGCAGTTAAC		
11	MON87705-F	CGCCAAATCGTGA-AGTTTCTCATCT	318	农业部 2122 号公告-4-2014 （路兴波 等，2014）
	MON87705-R	CAGTGATAACAA-CACCCTGAGTCT		
12	MON87708-F	CCATCATACTC-ATTGCTGATCCA	233	农业部 2259 号公告-6-2015 （王永 等，2015）
	MON87708-R	AGCCAATCAATCT-CAGAACTGTC		

（续表）

序号	引物名称	引物序列（5′-3′）	产物长度（bp）	检测方法出处
13	MON87769-F	CCGGACATGA-AGCCATTTAC	298	农业部 2122 号公告-5-2014（兰青阔 等，2014）
	MON87769-R	TCCTTGGAGG-TCGTCTCATT		
14	MON89788-F	CTGCTCCACTC-TTCCTTT	223	农业部 1485 号公告-6-2010（张明 等，2010）
	MON89788-R	AGACTCTGTAC-CCTGACCT		
15	SYHT0H2-F	GAGGCACCA-ACATTCTT	234	农业农村部公告第 111 号-10-2018（温洪涛 等，2018）
	SYHT0H2-R	TATCCGCAATG-TGTTATTAA		
16	DAS-68416-4-F	CCGCTACTTGC-TCTTGTCGT	221	农业部 2630 号公告-5-2017（兰青阔 等，2017）
	DAS-68416-4-R	CGGTTAGGATCC-GGTGAGTA		
17	DAS-81419-2-F	CCCATGTGAAGA-AAATCCAACCAT	252	农业农村部公告第 111 号-9-2018（兰青阔 等，2018）
	DAS-81419-2-R	CCGAGAAGGTC-AAACATGCTAA		
18	SHZD32-1F	GAGCAGCTTGA-GCTTGGA	234	农业部 2630 号公告-15-2017（汪小福 等，2017）
	SHZD32-1R	CGAATTTCACCA-AAACACTAA		
19	MON87751-F	TAGAGGAATAGTT-AGCGAATGTGAC	268	待发布
	MON87751-R	GACAGACCTC-AATTGCGAGC		

以 pDDID-1905 质粒作为阳性物质，对 1 种含有多种转基因成分的转基因大豆粉末样品进行检测，结果显示，14 种转基因大豆成分，包括 A5547-127、CV127、DP305423、DAS-44406-6、DAS-68416-4、FG72、GTS40-3-2、MON87701、MON87705、MON87708、MON87751、MON87769、MON89788 和 SHZD32-1 均被检出，而另外 4 种转基因大豆成分（A2704-12、DP356043、DAS-81419-2 和 SYHT0H2）未被检出（图 6-13）。该结果符合预期，说明该质粒能够作为阳性物质，用于转基因大豆成分检测。

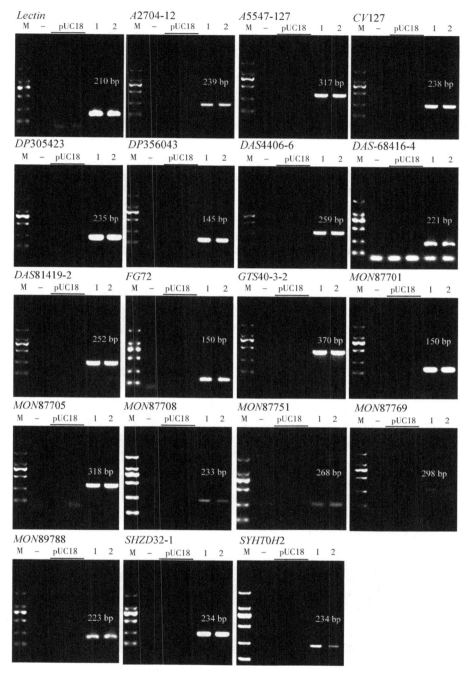

图6-12 pDDID-1905质粒所含特征序列的PCR扩增结果

M：DL2000 DNA 标志物（条带由上至下分别为 2 000 bp、1 000 bp、750 bp、500 bp、250 bp、100 bp）；"-"：空白对照（模板为 ddH₂O）；pUC18：原始 pUC18 质粒；泳道 1～2：pDDID-1905 质粒。

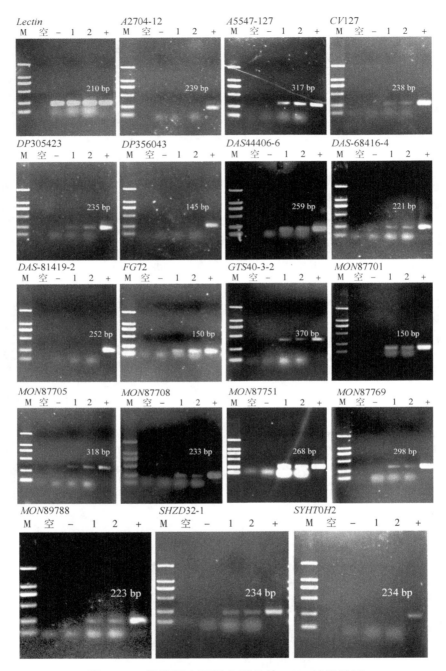

图 6-13   转基因大豆混合样品的 PCR 扩增结果

M：DL2000 DNA 标志物（条带由上至下分别为 2 000 bp、1 000 bp、750 bp、500 bp、250 bp、100 bp）；空：空白对照（模板为 ddH$_2$O）；"-"：非转基因大豆；1~2：待测转基因大豆混样；"+"：pDDID-1905 质粒。

三、小　结

已有的用于转基因大豆转化体特异性筛查的阳性质粒分子种类不多，并且能够检测的转化体数量较少，无法满足目前转基因大豆品种推新和监测需求。pDDID-1905 质粒自带大豆内标准基因 *lectin* 的检测序列，包含 14 种已批准进口的大豆独立转化体（A2704-12、A5547-127、CV127、DAS-44406-6、DP305423、DP356043、FG72、GTS 40-3-2、MON87701、MON87705、MON87708、MON87769、MON89788 和 SYHT0H2）和 2 种杂交品系（DP305423×GTS 40-3-2 和 MON87701×MON89788）、3 种暂未批准进口但应用潜力较高的大豆独立转化体（DAS-68416-4、DAS81419 和 MON87751），以及 1 个我国自主研发的转化体 SHZD32-1 的特征序列。该质粒适用于对待测样品中是否存在这 18 种转基因大豆转化体及其衍生物的成分进行判别。因此，该质粒具有较高的集成度，且其覆盖度符合我国国情，将极大地方便日常检测分析。另外，该质粒设计时不仅考虑到今后对特定转化体检测靶标序列的更新，还充分考虑后期其他转基因大豆品种的不断研发和推广。因此，在外源插入序列中分布了多种限制性内切酶位点。该设计有利于后期对相应靶标序列的局部调整或加入新的转化体特征序列。

135

参考文献

陈亨赐，刘洋，尹军，等，2021. 欧盟生物安全法律法规和管理现状的思考 [J]. 口岸卫生控制，26（1）：50-53，57.

陈粤，2004. 葡萄糖转运蛋白在大鼠睾丸中的表达及其调控研究 [D]. 厦门：厦门大学.

董延生，尹纪业，陈长，等，2012. SD 大鼠脏器重量及脏器系数正常参考值的确立与应用 [J]. 军事医学，36（5）：351-353.

董悦，2011. 各国转基因农产品安全管理的国际比较及综合评价 [D]. 武汉：华中农业大学.

傅剑云，赵硕，徐彩菊，等，1998. 甲基磺酸甲酯、环磷酰胺、丝裂霉素 C 对小鼠畸形影响的研究 [J]. 癌变，畸变，突变，10（4）：223-226.

高初蕾，乔峰，安怡昕，等，2015. 商业化转基因大豆育种研发进展与展望 [J]. 分子植物育种，13（6）：1396-1406.

郭娜娜，吴辉，于晓惠，等，2011. 转基因大豆插入位点分析及特异性 PCR 检测方法的建立 [J]. 热带作物学报，32（8）：1527-1531.

国际农业生物技术应用服务组织，2021. 2019 年全球生物技术/转基因作物商业化发展态势 [J]. 中国生物工程杂志，41（1）：114-119.

黄凤军，陈杰，朱珠，等，2014. DB12/T 506-2014 大豆转基因成分筛查方法 [S].

黄昆仑，许文涛，2009. 转基因食品安全评价与检测技术 [M]. 北京：科学出版社.

蒋原，祝长青，林宏，2003. SN/T 1195-2003 大豆中转基因成分的定性 PCR 检测方法 [S].

金芜军，贾士荣，彭于发，2004. 不同国家和地区转基因产品标识管理政策的比较 [J]. 农业生物技术学报，12（1）：1-7.

金芜军，刘信，杨立桃，等，2007. 农业部 953 号公告-6-2007：转基因植物及其产品成分检测 抗虫转 Bt 基因水稻定性 PCR 方法 [S]. 北京：中国农业出版社.

景海春，田志喜，种康，等，2021. 分子设计育种的科技问题及其展望概论 [J]. 中国科学：生命科学，51（10）：1356-1365.

兰青阔，梁晋刚，赵新，等，2018. 农业农村部公告第 111 号-9-2018 转基因植物及其产品成分检测 抗虫大豆 DAS-81419-2 及其衍生品种定性 PCR 方法 [S]. 北京：中国农业出版社.

兰青阔，宋贵文，赵新，等，2017. 农业部 2630 号公告-5-2017 转基因植物及其产品成分检测 耐除草剂大豆 DAS-68416-4 及其衍生品种定性 PCR 方法 [S]. 北京：中国农业出版社.

兰青阔，宋贵文，朱珠，等，2014. 农业部 2122 号公告-5-2014 转基因品质改良大豆 MON87769 转化体特异性定性 PCR 检测方法 [S]. 北京：中国农业出版社.

李飞武，邵改革，邢珍娟，等，2010. 转基因大豆 MON89788 检测质粒标准分子的构建与应用 [J]. 安徽农业科学，38（23）：12330-12333.

梁晋刚，贺晓云，武玉花，等，2020. 中国农业转基因生物安全标准体系现状与展望 [J]. 农业生物技术学报，28（5）：911-917.

刘蓓，2012. 外源基因插入位点旁侧序列的研究方法及进展 [J]. 农业与技术，32（4）：97.

刘培磊，李宁，周云龙，2009. 美国转基因生物安全管理体系及其对我国的启示 [J]. 中国农业科技导报，11（5）：49-53.

刘勇，沈平，宋君，等，2012. 农业部 1861 号公告-2-2012 转基因植物及其产品成分检测 耐除草剂大豆 GTS 40-3-2 及其衍生品种定性 PCR 方法 [S]. 北京：中国农业出版社.

芦春斌，杨冬宇，高忱，等，2012. 转基因大豆对雄性鼠生殖系统的安全性评估 [J]. 扬州大学学报（农业与生命科学版），33（1）：23-27.

芦春斌，郑建新，蔡娟，等，2014. 转基因大豆对雌鼠胚胎发育及受精能力的影响 [J]. 大豆科学，33（4）：578-582.

路兴波，宋贵文，李凡，等，2012. 农业部 1782 号公告-6-2012：转基因植物及其产品成分检测 bar 或 pat 基因定性 PCR 方法 [S]. 北京：中国农业出版社.

路兴波，赵欣，孙红炜，等，2014. 农业部 2122 号公告-4-2014 转基因植物及其产品成分检测 品质改良大豆 MON87769 及其衍生品种定性 PCR 方法 [S]. 北京：中国农业出版社.

农业农村部，2021. 农业农村部关于印发第六届农业转基因生物安全委员会组成人员名单的通知 [EB/OL]. http：//www. moa. gov. cn/govpublic/KJJYS/202112/t20211207_6383876. htm.

祁潇哲，贺晓云，黄昆仑，2013. 中国和巴西转基因生物安全管理比较 [J]. 农业生物技术学报，21（12）：1498-1503.

申爱娟，陈松，周晓婴，等，2014. 转基因油菜 W-4T-DNA 旁侧序列分析与事件特异性检测 [J]. 江苏农业学报，30（1）：10-20.

宋贵文，李飞武，张明，等，2011. 我国农业转基因生物安全检测机构体系运行现状分析 [J]. 农业科技管理，30（1）：40-43.

孙红炜，沈平，周宝良，等，2010. 农业部 1485 号公告-11-2010：转基因植物及其产品成分检测 抗虫转 Bt 基因棉花定性 PCR 方法 [S]. 北京：中国农业出版社.

谭巍巍，王永斌，赵远玲，等，2019. 全球转基因大豆发展概况 [J]. 大豆科技（4）：34-38.

汪小福，李文龙，徐俊峰，等，2017. 农业部 2630 号公告-15-2017 转基因植物及其产品成分检测 耐除草剂大豆 SHZD32-1 及其衍生品种定性 PCR 方法 [S]. 北京：中国农业出版社.

王长永，陈良燕，2001. 转基因生物环境释放风险评估的原则和一般模式 [J]. 农村生态环境（2）：45-49.

王金胜，张秀杰，高建华，等，2018. 农业农村部公告第 111 号-11-2018 转基因植物及其产品成分检测 耐除草剂大豆 DAS-444Φ6-6 及其衍生品种定性 PCR 方法 [S]. 北京：中国农业出版社.

王立平，王东，龚熠欣，等，2018. 国内外转基因农产品食用安全性研究进展与生产现状 [J]. 中国农业科技导报（3）：94-103.

王琴芳，2009. 转基因作物生物安全性评价与监管体系的分析与对策 [D]. 北京：中国农业科学院.

王韬惠，2020. 转基因食品安全的法律规制问题研究 [D]. 兰州：兰州大学.

王晓春，季静，王萍，等，2007. 基因枪法对大豆进行 CpTI 基因的遗传转化 [J]. 华北农学报（2）：43-46.

王尧，唐大轩，葛麟，等，2010. 不同月龄 SPF 级 SD 雄性大鼠主要脏器参数的测定 [J]. 实验动物科学，27（1）：13-15.

王永，沈平，兰青阔，等，2012. 农业部 1782 号公告-5-2012 转基因植物及其产品成分检测 耐除草剂大豆 CV127 及其衍生品种定性 PCR 方法 [S]. 北京：中国农业出版社.

王永，宋贵文，赵新，等，2015. 农业部 2259 号公告-6-2015 转基因植物及其产品成分检测 耐除草剂大豆 MON87708 及其衍生品种定性 PCR 方法 [S]. 北京：中国农业出版社.

王岳飞，2004. 茶儿茶素制剂毒理学安全性评价与保健功效研究［D］. 杭州：浙江大学.

温洪涛，李夏莹，杨洋，等，2020. 玉米转基因成分筛查策略［J］. 生物技术通报，36（05）：39-47.

温洪涛，宋贵文，张瑞英，等，2018. 农业农村部公告第 111 号-10-2018　转基因植物及其产品成分检测　耐除草剂大豆 SYHT0H2 及其衍生品种定性 PCR 方法［S］. 北京：中国农业出版社.

肖琴，2015. 转基因作物生态风险测度及控制责任机制研究［D］. 北京：中国农业科学院.

谢家建，沈平，彭于发，等，2012. 农业部 1782 号公告-3-2012：转基因植物及其产品成分检测　调控元件 CaMV 35S 启动子、FMV 35S 启动子、NOS 启动子、终止子和 CaMV 35S 终止子定性 PCR 方法［S］. 北京：中国农业出版社.

修伟明，宋贵文，杨殿林，等，2015. 农业部 2259 号公告-8-2015. 转基因植物及其产品成分检测 耐除草剂大豆 FG72 及其衍生品种定性 PCR 方法［S］. 北京：中国农业出版社.

闫建俊，白云凤，左静静，等，2020. 转基因马铃薯外源基因插入位点分析及检测方法的建立［J］. 分子植物育种，18（16）：5361-5366.

杨殿林，宋贵文，修伟明，等，2012. 农业部 1782 号公告-1-2012　转基因植物及其产品成分检测耐除草剂大豆 356043 及其衍生品种定性 PCR 方法［S］. 北京：中国农业出版社.

杨剑波，沈平，汪秀峰，等，2010. 农业部 1485 号公告-7-2010：转基因植物及其产品成分检测 耐除草剂大豆 A2704-12 及其衍生品种定性 PCR 方法［S］. 北京：中国农业出版社.

杨立桃，沈平，张大兵，等，2010. 农业部 1485 号公告-8-2010　转基因植物及其产品成分检测　耐除草剂大豆 A5547-127 及其衍生品种定性 PCR 方法［S］. 北京：中国农业出版社.

杨雄年，2018. 转基因政策［M］，北京：中国农业科学技术出版社.

曾旋睿，2017. 大豆品质改良相关基因 *GmAGL1*，*GmDofL1* 和 *GmDof4* 的遗传转化研究［D］. 南京：南京农业大学.

张凤，贺晓云，黄昆仑，等，2021. 转基因耐除草剂大豆的食用安全评价研究进展［J］. 生物技术进展，11（4）：489-495.

张力，程呈，何宁，等，2011. 转基因高油酸大豆对大鼠的亚慢性毒性研究 [J]. 毒理学杂志，25 (5)：391-394.

张明，宋贵文，李飞武，等，2010. 农业部 1485 号公告-6-2010　转基因植物及其产品成分检测　耐除草剂大豆 MON89788 及其衍生品种定性 PCR 方法 [S]. 北京：中国农业出版社.

张明，宋贵文，李飞武，等，2013. 农业部 2031 号公告-8-2013：转基因植物及其产品成分检测 大豆内标准基因定性 PCR 方法 [S]. 北京：中国农业出版社.

张瑞英，宋贵文，温洪涛，等，2015. 农业部 2259 号公告-7-2015　转基因植物及其产品成分检测　抗虫大豆 MON87701 及其衍生品种定性 PCR 方法 [S]. 北京：中国农业出版社.

张帅，宋贵文，崔金杰，等，2012. 农业部 1782 号公告-4-2012：转基因植物及其产品成分检测　高油酸大豆 305423 及其衍生品种定性 PCR 方法 [S]. 北京：中国农业出版社.

张珍誉，颜亨梅，2011. 转 Bt 基因稻谷对小鼠生理与生殖的影响 [J]. 激光生物学报，20 (1)：50-53.

赵团结，盖钧镒，2004. 栽培大豆起源与演化研究进展 [J]. 中国农业科学，37 (7)：954-962.

赵小龙，王溶花，姚金成，等，2020. 我国大豆进口贸易现状及问题分析 [J]. 粮食科技与经济，45 (12)：20-22，61.

左娇，郭运玲，孔华，等，2013. 转基因大豆安全性评价的研究进展 [J]. 热带作物学报，34 (7)：1402-1407.

ANDREW C, 2002. Assuring the safety of genetically modified（GM）foods：the importance of an holistic, integrative approach [J]. Journal of Biotechnolology, 98 (1)：79-106.

APPENZELLER L M, MUNLEY S M, HOBAN D, et al., 2008. Subchronic feeding study of herbicide-tolerant soybean DP-356Ø43-5 in Sprague-Daw-ley rats [J]. Food and Chemical Toxicology, 46 (6)：2201-2213.

ARAGAO F, SAROKIN L, VIANNA G, et al., 2000. Selection of transgenic meristematic cells utilizing a herbicidal molecule results in the recovery of fertile transgenic soybean [*Glycine max*（L.）Merril] plants at a high frequency [J]. Theoretical and Applied Genetics, 101 (1)：1-6.

BATISTA R, MARTINS I, JENO P, et al., 2007. A proteomic study to identify soya allergens: the human response to transgenic versus non-transgenic soya samples [J]. Int Arch Allergy Immunol, 144 (1): 29-38.

BERG P, BALTIMORE D, BRENNER S, et al., 1975. Asilomar conference on recombinant DNA molecules [J]. Science, 188 (4192): 991-994.

CISTERNA B, FLACHF, VECCHIO L, et al., 2008. Can a genetically-modified organism-containing diet influence embryo development: a preliminary study on preimplantation mouse embryos [J]. European Journal of Histochemistry, 52 (4): 263.

CORBISIER P, TRAPMANN S, GANCBERG D, et al., 2005. Quantitative determination of roundup ready soybean (*Glycine max*) extracted from highly processed flour [J]. Analytical and Bioanalytical Chemistry, 383 (2): 282-290.

DE RONDE J, CRESS W, KRUGER G, et al., 2004. Photosynthetic response of transgenic soybean plants, containing an Arabidopsis p5CR gene, during heat and drought stress [J]. Journal of Plant Physiology, 161 (11): 1 211-1 224.

DUFOURMANTEL N, DUBALD M, MATRINGE M, et al., 2007. Generation and characterization of soybean and marker-free tobacco plastid transformants over-expressing a bacterial 4-hydroxyphenylpyruvate dioxygenase which provides strong herbicide tolerance [J]. Plant Biotechnology Journal, 5 (1): 118-133.

DUKE S O, 2005. Taking stock of herbicide-resistant crops ten years after introduction [J]. Pest Management Science: Formerly Pesticide Science, 61 (3): 211-218.

ENDO M, OSAKABE K, ONO K, et al., 2007. Molecular breeding of a novel herbicide-tolerant rice by gene targeting [J]. The Plant Journal, 52 (1): 157-166.

European Commission, 2010a. JRC compendium of reference methods for GMO analysis-Qualitative PCR method for detection of Cauliflower Mosaic Virus 35S promoter [EB/OL]. http://gmo-crl.jrc.ec.europa.eu/gmomethods/docs/QL-ELE-00-004. pdf.

European Commission, 2010b. JRC compendium of reference methods for GMO analysis-Qualitative PCR method for detection of nopaline synthase terminator [EB/OL]. http://gmo-crl.jrc.ec.europa.eu/gmomethods/docs/QL-ELE-00-

009. pdf.

FRAITURE M A, HERMAN P, TAVERNIERS I, et al., 2015. Current and new approaches in GMO detection: challenges and solutions [J]. BioMed Research International, 14 (2): 1-22.

GREEN J M, HAZEL C B, FORNEY D R, et al., 2008. New multiple-herbicide crop resistance andformulation technology to augment the utility of glypho-sate [J]. Pest Management Science, 64 (4): 332-339.

HOLST JENSEN A, 2009. Testing for genetically modified organ-isms (GMOs): past, present and future perspectives [J]. Biotechnology Advances, 27 (6): 1071-1082.

HOLST JENSEN A, RØNNING S B, LØVSETH A, et al., 2003. PCR technology for screening and quantification of genetically modified organisms (GMOs) [J]. Analytical and Bioanalytical Chemistry, 375 (8): 985-993.

KITA Y, HANAFY M S, DEGUCHI M, et al., 2009. Generation and characterization of herbicide-resistant soybean plants expressing novel phosphinothricin N-acetyltransferase genes [J]. Breeding Science, 59 (3): 245-251.

MCLEAN M D, HOOVER G J, BANCROFT B, et al., 2007. Identification of the full-length Hslpro-1 coding sequence and preliminary evaluation of soybean cyst nematode resistance in soybean transformed with Hslpro-1 cDNA [J]. Botany, 85 (4): 437-441.

MÄDE D, DEGNER C, GROHMANN L, 2006. Detection of genetically modified rice: a construct-specific real-time PCR method based on DNA sequences from transgenic Bt rice [J]. European Food Research and Technology, 224 (2): 271-278.

NABUURS M L, 1993. Villus height and crypt depth in weande and unweande pigs reared under various circumstances in the Netherlands [J]. Research in Veterinary Science, 55: 78-84.

PARK S B, KIM H Y, KIM J H, 2015. Multiplex PCR system to track authorized and unauthorized genetically modified soybean events in food and feed [J]. Food Control, 54: 47-52.

PELEMAN J D, VAN DER VOORT J R, 2003. Breeding by design [J]. Trends in Plant Science, 8 (7): 330-334.

PI L Q, LI X, CAO Y W, et al., 2015. Development and application of a multi-targeting reference plasmid as calibrator for analysis of five genetically modified soybean events [J]. Analytical and Bioanalytical Chemistry, 407 (10): 2877-2886.

QI X, HE X, LUO Y, et al., 2012. Subchronic feeding study of stacked trait genetically-modified soybean (3Ø5423× 40-3-2) in Sprague-Dawley rats [J]. Food and Chemical Toxicology, 50 (9): 3256-3263.

QUERCI M, VAN B M, ZEL J, et al., 2010. New approaches in GMO detection [J]. Anal Bioanal Chem, 396 (6):1991-2002.

SHELDON I, 2002. Regulation of biotechnology: will we ever freely trade GMOs? [J]. European Review of Agricultural Economics, 29 (1): 155-176.

SIVAKUMAR R, SIVARAMAN P B, MOHAN-BABU N, et al., 2006. Radiation exposure impairs luteinizing hormone signal transduction and steroidogenesis in cultured human Leydig cells [J]. Toxicological Sciences, 91 (2): 550-556.

SNOW A A, ANDOW D A, GEPTS P, et al., 2005. Genetically modified organisms and the environment: current status and recommendations [J]. Ecological Applications, 15 (2): 377-404.

SNOW A A, PALMA P M, 1997. Commercialization of transgenic plants: potential ecological risks [J]. BioScience, 47 (2): 86-96.

STOCCO D M, 2001. StAR protein and the regulation of steroid hormone biosynthesis [J]. Annual Review of Physiology, 63 (1): 193-213.

SUHARMAN I, SATOH S, HAGA Y, et al., 2009. Utilization of genetically modified soybean meal in *Nile tilapia Oreochromis niloticus* diets [J]. Fisheries Ence, 75 (4): 967-973.

TAVERNIERS I, VAN BOCKSTAELE E, DELOOSE M, 2004. Cloned plasmid DNA fragments as calibrators for controlling GMOs: different real-time duplex quantitative PCR methods [J]. Analytical and Bioanalytical Chemistry, 378 (5):1198-1207.

TUDISCO R, MASTELLONE V, CUTRIGNELLIM I, et al., 2010. Fate of transgenic DNA and evaluation of metabolic effects in goats fed genetically modified soybean and in their offsprings [J]. Anima, 4 (10):1662-1671.

VALENTE M A S, FARIA J A, SOARES-RAMOS, et al., 2009. The ER luminal binding protein (BiP) mediates an increase in drought tolerance in soybean and delays drought-induced leaf senescence in soybean and tobacco [J]. Journal of Experimental Botany, 60 (2): 533-546.

WANG Y, CHEN F, YE L, et al., 2017. Steridogenesis in leydig cells: effects of aging and environmental factors [J]. Reproduction, 154 (4): 111-122.

WOLFENBARGER L L, PHIFER P R, 2000. The ecological risks and benefits of genetically modified plants [J]. Science, 290 (5499): 2088-2093.

WU G, WU Y H, XIAO L, et al., 2008. Event-specific qualitative and quantitative PCR methods for the detection of genetically modified rapeseed Oxy-235 [J]. Transgenic Res, 17 (5): 851-862.

YU Y, HOU W S, HACHAM Y, et al., 2018. Constitutive expression of feedback-insensitive cystathionine γ-synthase increases methionine levels in soybean leaves and seeds [J]. Journal of Integrative Agriculture, 17 (1): 54-62.

ZHANG H B, YANG L T, GUO J C, et al., 2008. Development of one novel multiple-target plasmid for duplex quantitative PCR analysis of roundup ready soybean [J]. Journal of Agricultural & Food Chemistry, 56 (14): 5514-5520.

ZHAO M Z, WANG T, WU P, et al., 2017. Isolation and characterization of Gm-MYBJ3, an R2R3-MYB transcription factor that affects isoflavonoids biosynthesis in soybean [J]. PLoS One, 12 (6): e0179990.

ZHOU X H, DONG Y, XIAO X, et al., 2011. A 90-day toxicology study of high-amylose transgenic rice grain in Sprague-Dawley rats [J]. Food and Chemical Toxicology, 49 (12): 3112-3118.

附 件
本专著发表的相关论文、标准和专利

史宗勇，刘璇，路超，等，2021. 转基因大豆 GTS40-3-2 对子代雄性大鼠主要器官和生殖机能的影响研究 [J]. 核农学报，35（12）：2821-2829.

史宗勇，刘璇，许冬梅，等，2021. 基于多靶标质粒分子的转基因大豆快速筛查方案（英文）[J]. 中国生物化学与分子生物学报，37（12）：1540-1554.

史宗勇，陈子言，祁琛，等，2020. 一种用于鉴定 18 种转基因大豆转化体的多靶标质粒的构建与应用 [J]. 浙江大学学报（农业与生命科学版），46（3）：280-290.

史宗勇，路超，唐中伟，等，2016. 转 CP4-EPSPS 基因大豆对大鼠的致突变研究 [J]. 江苏农业科学，44（10）：286-288.

史宗勇，许冬梅，路超，等，2016. 短期喂食转基因大豆对雄性大鼠睾丸 StAR 表达的影响 [J]. 食品与机械，32（10）：12-16.

史宗勇，唐中伟，袁建琴，等，2012. 转基因作物安全评价研究进展 [J]. 农业与技术，32（7）：166-167.

史宗勇，袁建琴，2009. 抗虫和耐除草剂玉米 Bt176 定性 PCR 检测的灵敏度研究 [J]. 农业与技术，29（3）：25-27.

郭俊佩，刘璇，韩阜志，等，2021. Cry1Ia 蛋白 N 端信号肽对其蛋白表达量的影响 [J]. 山西农业科学，49（6）：694-698.

吴博泽，刘璇，郭俊佩，等，2020. 耐除草剂玉米 MON87427 定性 PCR 检测方法的建立 [J]. 山西农业科学，48（5）：654-657，668.

袁建琴，常泓，赵江河，等，2016. 山西市场动物饲料中转基因成分的检测（英文）[J]. 生物工程学报，32（11）：1576-1589.

袁建琴，常泓，赵江河，等，2016. 转基因大豆豆粕外源基因和蛋白在 SD 大鼠体内消化吸收分析 [J]. 生物工程学报，32（5）：657-668.

袁建琴，赵江河，史宗勇，等，2016. 动物饲料中转基因抗草甘膦大豆 GTS40-3-2 成分的检测 [J]. 大豆科学，35（2）：295-300.

路超，袁建琴，马艳琴，等，2015. 转基因大豆的食用安全性研究进展 [J]. 农学学报，5（12）：82-85.

赵成萍，袁建琴，唐中伟，等，2011. 转基因棉籽 DNA 提取纯化及快速 PCR 检测研究 [J]. 现代农业科技（3）：32，35.

郭小琴，钱红梅，郭俊佩，等，2019. Cry1Ia 和 Cry2Ab 融合蛋白的表达 [J]. 山西农业大学学报（自然科学版），39（3）：101-105.

史宗勇，宋贵文，尹海燕，等，2017. 农业部 2630 号公告-6-2017 转基因植物及其产品成分检测 耐除草剂玉米 MON87427 及其衍生品种定性 PCR 方法 [M]. 北京：中国农业出版社.

史宗勇，王海滨，乔永刚，等，2017. DB14/T-1497—2017 农业转基因玉米田间试验管理规范 [M]. 太原：山西省质量技术监督局.

王金胜，张秀杰，高建华，等，2018. 农业农村部 111 号公告-11-2018 转基因植物及其产品成分检测 耐除草剂大豆 DAS-444Ø6-6 及其衍生品种定性 PCR 方法 [M]. 北京：中国农业出版社.

高建华，张秀杰，史宗勇，等，2020. 转基因植物及其产品成分检测大豆常见转基因成分筛查（待发表）.

高建华，张秀杰，史宗勇，等，2020. 一种适用于 18 种转基因大豆转化体及其衍生物特异性检测的质粒 DNA：中国，申请号 202010012739 [P].

史宗勇，高建华，许冬梅，等，2021. 适用转基因大豆转化体及其衍生物元件筛查的重组质粒 DNA：中国，申请号 202110115657.2 [P].

SHI Z Y, ZOU S Y, LU C, et al., 2019. Evaluation of the effects of feeding glyphosate tolerant soybeans（CP4 EPSPS）on the testis of male Sprague-Dawley rats [J]. GM Crops & Food, 10：181-190.